农家书屋
NONG JIA SHU WU

设施种植辣椒病虫害防治图鉴

SHESHI ZHONGZHI LAJIAO
BINGCHONGHAI
FANGZHI TUJIAN

吕兆明　编著

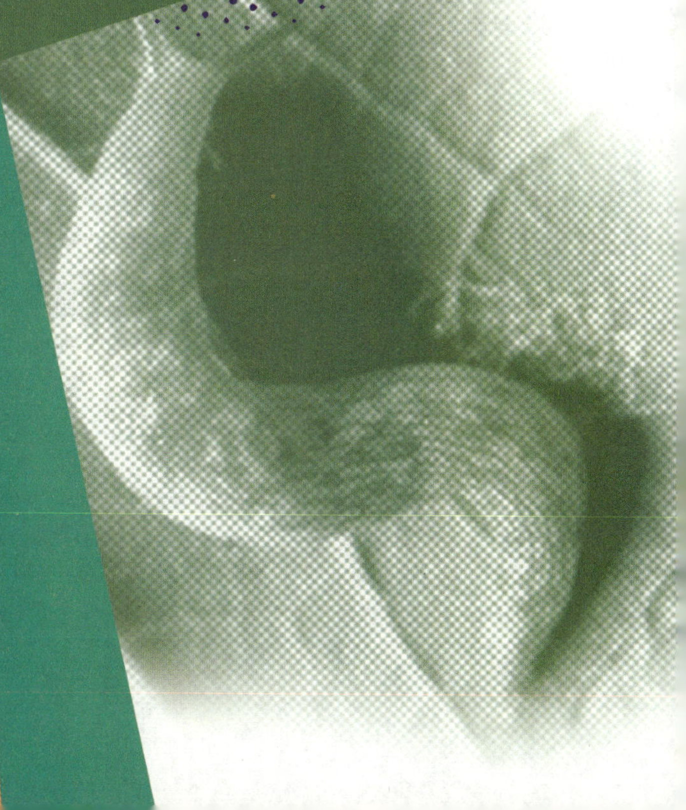

甘肃科学技术出版社

图书在版编目（CIP）数据

设施种植辣椒病虫害防治图鉴 / 吕兆明编著. -- 兰州 : 甘肃科学技术出版社, 2019.3
ISBN 978-7-5424-2545-4

Ⅰ. ①设… Ⅱ. ①吕… Ⅲ. ①辣椒-病虫害防治-图解 Ⅳ. ①S436.418-64

中国版本图书馆CIP数据核字(2018)第294587号

设施种植辣椒病虫害防治图鉴

吕兆明 编著

责任编辑 何晓东
封面设计 陈妮娜

出 版 甘肃科学技术出版社
社 址 兰州市读者大道568号 730030
网 址 www.gskejipress.com
电 话 0931-8773023(编辑部) 0931-8773237(发行部)
京东官方旗舰店 https://mall. jd. com/index-655807.html

发 行 甘肃科学技术出版社 印 刷 兰州新华印刷厂
开 本 710毫米×1020毫米 1/16 印 张 6.25 插 页 1 字 数 126千
版 次 2019年6月第1版
印 次 2019年6月第1次印刷
印 数 1~20 000
书 号 ISBN 978-7-5424-2545-4 定 价 19.80元

前　言

辣椒是我国主要的经济作物之一，全国常年辣椒种植面积2400万亩左右，总产量3200多万吨。近年来，随着国内塑料大棚、日光温室和连栋温室等生产设施的发展，辣椒设施栽培面积迅速扩大。由于异地引种调苗和多年重茬栽培，设施种植辣椒病虫害种类不断增多，为害逐年加重，尤其是细菌性叶斑病、炭疽病、疫病、根腐病以及斑萎病毒病等病害的蔓延和流行，严重影响了辣椒设施种植的产量和效益。与此同时，不合理、不规范使用化肥、农药，导致环境污染和产品农药残留，也成为严重威胁食品安全的重要因素。这些都对辣椒设施种植生产提出了严峻挑战。

本书以图片展示与文字叙述相结合的方式，介绍了设施种植辣椒病虫害的鉴别和防治知识，涵盖了设施栽培辣椒中常见的15种（类）侵染性病害、7种（类）生理性病害、10种（类）虫（鼠、草）害和农药药害等四个方面，为种植人员病症辨识及病虫害防治提供帮助。

本书为编者多年实践经验的归纳和总结，同时也参阅了有关文献著作，在此向原作者表示感谢。由于设施环境复杂多变，辣椒病虫害种类繁多，编者积累的经验和资料有限，恳请有关专家、同行和读者对书中的不足和错误提出批评指正。

编　者

2019年6月

目　录

1 立枯病

辣椒苗期立枯病症状

辣椒苗期立枯病症状

病原及症状识别

辣椒立枯病病原为立枯丝核菌，属半知菌亚门真菌，多在苗床温度较高或育苗后期发生，主要为害幼苗茎基部或地下根部。发病初期在茎部出现椭圆形或不规则形暗褐色病斑，病苗早期白天萎蔫，夜间恢复，逐渐向内凹陷，边缘较明显，扩展后绕茎一周，致茎部萎缩干枯而死亡。受害秧苗死而不倒，故称立枯。

传播途径和发病条件

辣椒立枯病病原菌以菌丝体或菌核在土壤中越冬，通过土壤传播，可在土壤中营腐生生活3～4年。高温高湿条件易引起该病蔓延。

防治方法

1. 改善和改进育苗条件和方法，加强苗期温湿度管理，预防立枯病的发生。选择地下水位低、排水良好的地块做苗床，施入的有机肥要充分腐熟，种子要消毒，苗床要平整，育苗期间创造良好的生长条件，增强幼苗的抗病能力。幼苗开始出土后加强通风换气，提温降湿，促进根系发育，增强幼苗抵抗力。苗床温度控制在20℃～30℃，地温保持在16℃以上。出苗后尽可能控水，必须浇水时宜选择晴天上午进行，切忌大水漫灌，床土湿度大时，撒干细土降湿。连阴雨天要让秧苗适当见光。及时拔除病苗，带出棚外深埋销毁。

2. 床土消毒。育苗床土应选用麦茬、豆茬或葱蒜茬作物5～25厘米的无病表土，最好不用菜田土和荒山表土。按土、有机肥比例为2～3:1配制育苗土，并在每立方米床土中加入50%辛硫磷乳油150毫升和95%敌磺钠可溶性粉剂100克消毒。药剂用5～8千克清水充分溶解后均匀喷入床土。敌磺钠见光易分解，拌入时要避免见光。拌匀后堆成尖堆，外盖一层塑料膜保存，堆置15天后方可使用。穴盘或营养钵育苗时，每立方米营养土加入95%恶霉灵原药50克或54.5%恶霉·福可湿性粉剂80～100克，充分拌匀后装入穴盘或营养钵进行育苗。也可每平方米床土用50%多菌灵可湿性粉剂或50%福美双可湿性粉剂8～10克拌细土2千克制成药土，播种时，取1/3药土撒在苗床上铺垫，2/3药土盖在种子上，即上覆下垫，使种子夹在药土中间。

3. 种子处理。用种子重量0.2%的40%的拌种双可湿性粉剂拌种，也可用3.5%咯菌腈·精甲霜悬浮种衣剂拌种，每千克种子用药4～8毫升，兑水100毫升混匀后均匀拌种。

4. 及时用药防治。出苗后如有零星发病且气候有利于发病时，应及时浇洒或灌根，并注意保护剂和治疗剂混用，以防止病害扩展。可用30%苯醚甲·丙环乳油2000～3000倍液、20%氟酰胺可湿性粉剂600倍液+65%福美锌可湿性粉剂600倍液、20%灭锈胺悬浮剂800倍液+75%百菌清可湿性粉剂800倍液、50%腐霉利可湿性粉剂1500倍液+70%丙森锌可湿性粉剂600倍液、10%多抗霉素可湿性粉剂600倍液+75%百菌清可湿性粉剂800倍液、5%丙烯酸·恶霉·甲霜水剂1000倍液、20%二氯异氰脲酸钠可溶性粉剂600倍液、50%异菌脲可湿性粉剂1000倍液、15%恶霉灵水剂1500～2000倍液、20%甲基立枯磷乳油1200倍液，每隔7～10天防治1次，连续2～3次，即可取得理想的防治效果。

2 猝倒病

辣椒苗期猝倒病

辣椒苗期猝倒病

辣椒苗期猝倒病

辣椒苗期猝倒病

病原及症状识别

辣椒猝倒病病原主要为瓜果腐霉菌，属鞭毛菌亚门真菌。猝倒病是苗期毁灭性病害，从播种到整个幼苗期均可发病，常发生在幼苗出土后、真叶尚未展开前。种子萌芽后至幼苗未出土前受害，造成烂种烂芽；出土幼苗受害，茎基部产生水渍状黄褐色病斑，继而绕茎扩展，并逐渐缢缩呈线状，后很快倒伏，幼苗一拔就断，病害发展很快，几天后成片死亡。湿度大时病部密生白色绵毛霉状物。

传播途径及发病条件

辣椒猝倒病病原菌可在有机质含量高的土壤中或病残体上营腐生生活，并可存活多年，是猝倒病的主要侵染源。病菌靠土壤中水分的流动、农具及带菌的堆肥等传播蔓延。一般在子叶期最易发病，特别是育苗设施内通风不良，阴、雨、雪天又不揭不透明覆盖物，幼苗养分消耗过多、生长弱、幼苗过于幼嫩时，更易发生猝倒病。苗床温度较低、土壤温度15℃～16℃、幼苗生长缓慢时，遇高湿条件易发病。育苗期如遇寒流侵袭、放风不足也会加剧猝倒病的发生。

防治方法

1. 改善育苗条件和改进育苗方法，加强苗期温湿度管理，预防猝倒病的发生。选择地下水位低、排水良好的地块做苗床，施入的有机肥要充分腐熟，种子要消毒，苗床要平整，育苗期间创造良好的生长条件，增强幼苗的抗病能力。幼苗开始出土后加强通风换气，提温降湿，促进根系发育，增强幼苗抵抗力。苗床温度控制在20℃～30℃，地温保持在16℃以上。出苗后尽可能控水，必须浇水时宜选择晴天上午进行，忌大水漫灌。床土湿度过大时，撒干细土降湿。连阴雨天要让秧苗适当见光。

2. 床土消毒（参见辣椒立枯病防治方法）。

3. 种子处理。可用35%的甲霜灵拌种剂按种子重量的0.2%用药量进行拌种，或3.5%咯菌腈·精甲霜悬浮种衣剂按种子重量的0.6%用药量进行拌种。

4. 喷药防治。如未进行苗床土壤处理或出苗后发病的，可喷洒69%烯酰吗啉·锰锌可湿性粉剂1000倍液、25%吡唑醚菌酯乳油3000倍液+75%百菌清可湿性粉剂800倍液、72.2%霜霉威水剂400倍液+70%代森锰锌可湿性粉剂1000倍液、50%烯酰吗啉可湿性粉剂1500倍液+75%百菌清可湿性粉剂600倍液、58%甲霜灵可湿性粉剂500倍液、72%霜脲·锰锌可湿性粉剂800倍液或30%恶霉·甲霜水剂1500～2000倍液，隔7～10天喷洒1次，视病情防治1～2次。

3　灰霉病

辣椒灰霉病穴盘嫁接苗受害症状

辣椒灰霉病嫁接苗受害症状

辣椒灰霉病幼苗受害症状

辣椒灰霉病叶片受害症状

辣椒灰霉病花器和叶片受害症状

辣椒灰霉病花器受害症状

辣椒灰霉病花器受害症状

辣椒灰霉病大杈受害症状

辣椒灰霉病果实受害症状

辣椒灰霉病幼果受害症状

辣椒灰霉病果尖受害症状

病原及症状识别

辣椒灰霉病病原为灰葡萄孢,属半知菌亚门真菌。灰霉病寄主范围很广,可为害瓜类、茄果类等多种蔬菜,是温室蔬菜的主要病害之一。

辣椒幼苗期发病,病症一般从较衰弱的子叶及真叶边缘或叶尖开始出现,病部初为水浸状,后逐渐变为淡褐至褐色,病部多为半圆形,往往具轮纹,受害叶片变软下垂。条件适宜时,病部沿叶柄扩展到茎部,初为水浸状斑,后茎腐烂、变细,上生大量的灰色霉层。后期植株折倒,严重时引起成片的幼苗腐烂。

辣椒成株期发病,病症可出现在地上部的各个部位。叶片被害时,病症多从叶尖及叶缘开始,初为水浸状,后颜色变淡,呈淡褐色,病斑扩展不受叶脉的限制,后期病部开裂,潮湿时病斑上生有淡灰色稀疏霉层。成株期病斑会向茎、蔓上扩展,先形成小点再向四周扩展，使其凹陷腐烂。植株分杈处易发生，往往造成茎秆局部枯死。灰霉病还可以由整枝打杈造成的伤口、折断的茎及叶柄处侵入，致病部折断或以上部分枯死。

花器被害时，从初花期即有发生，一般从残花侵入，花瓣及萼片处变软、萎缩腐烂，表面生霉，严重时整个花器死亡，并向其他的花上蔓延，使花朵死亡。败落的残花落到果实、叶、茎、大杈、叶柄也常引起这些部位发病。

果实灰霉病主要通过败落的花瓣或柱头侵入。花瓣染病，与萼片连接处的花瓣出现褐色病斑，逐渐整个花瓣呈褐色腐烂，后期花瓣上生浓密的灰色霉状物；柱头染病，初期柱头呈褐色，后期柱头上有灰色霉状物。然后从柱头或花瓣向幼果和果梗发展，果梗变黄，花和幼果脱落，也可引起果面局部腐烂，上生浓密的灰色霉层。有时灰霉菌也可直接由果面侵染。

传播途径和发病条件

病原菌主要以菌核在土壤中或以菌丝体及分生孢子在病残体上越冬，成为次年的初侵染源。病组织上产生的分生孢子随气流、水流、农事操作等传播蔓延，形成再侵染。田间农事操作是传病途径之一。病果、病叶、残花不带出棚外或随意丢弃，最易使孢子飞散传播。湿度对此病流行影响较温度大，温室内低温高湿、通风不良时发病重。15℃以下低温持续的时间长时发病重。花期是病原菌侵染的高峰期，尤其在果实膨大期浇水后，病果剧增，是烂果高峰期。据调查，植株开败的花和授粉后的柱头是病原菌侵染的主要部位，灰霉病87%是从开败的花和授粉后的柱头侵入，最终造成果实腐烂。掉落的残花落在叶片和茎秆，引起其他部位发病。一般12月至翌年3月、气温20℃左右、相对湿度90%以上时易发病。

防治方法

1. 生态防治。灰霉病属低温高湿病害，一般采用“上午控温，下午控湿”的方法，在晴天上午使棚温迅速升高至30℃时放风，中午和下午继续放风，控制棚温在23℃～25℃，降低湿度。当棚温降至20℃时关闭通风口，夜温保持在12℃～15℃。阴天也须通风换气。浇水必须在晴天早晨进行，浇完闭棚升温，棚温35℃

左右时再放风排湿，因为31℃以上高温可以减缓孢子萌发速度，推迟产孢，降低产孢量。

2. 清洁棚室，及时摘除残花和病残体。及时摘除病果、病叶、病花，带出棚室外深埋，严禁随意丢弃，造成人为传播。甜椒坐果后要及时摘除残留的花瓣，阻断灰霉病菌的初侵染点，一般在坐果后10天花瓣将要萎蔫时摘除最好。

3. 加强肥水管理。合理施肥，注意控制氮肥用量，适当增施有机肥和磷钾肥。采用滴灌或膜下暗灌，控制棚室内湿度，浇水前一天喷药预防。

4. 药剂防治：

（1）喷雾法。在发病初期可选择喷施50%多·乙霉威可湿性粉剂1000倍液、25%咪鲜胺乳油2000～3000倍液、50%氯溴异氰脲酸水溶性粉剂1000倍液、10%苯醚甲环唑水分散粒剂1000倍液、40%嘧霉胺悬浮剂1000～1500倍液、50%异菌脲可湿性粉剂1000倍液、50%啶酰菌胺水分散粒剂2000倍液、42.8%氟菌·肟菌酯悬浮剂3000倍液、50%啶菌·乙霉威水剂1500倍液、38%唑醚·啶酰菌水分散粒剂1000倍液、25%啶菌恶唑乳油1500倍液、42.4%唑醚·氟酰胺悬浮剂2500倍液、50%嘧菌环胺水分散粒剂1000倍液、80%乙蒜素乳油2000倍液，也可用50%啶酰菌胺水分散粒剂1200倍液+40%菌核净可湿性粉剂1000倍液、50%氟啶胺悬浮剂1500～2000倍液、62%嘧菌环胺·咯菌腈水分散粒剂1500～3000倍液，花前期重点喷施底部叶片及地面，花期重点喷施花和幼果，每隔7天交替使用1次，连续2～3次。茎秆发病时，可将药剂稀释后用胶泥调成糊状，涂抹在茎秆病斑上，能有效治疗茎秆发病。

（2）烟雾法或粉尘法。可选用10%腐霉利烟剂或45%百菌清烟剂200～250克/亩在傍晚闭棚后熏施，也可在阴天时熏烟。可用5%百菌清粉尘剂、10%氟吗啉粉尘剂、6.5%万霉灵粉尘剂1000克/亩进行防治。烟剂、粉尘剂应于傍晚密闭棚室后施用，第二天通风。

（3）在发病前用不易产生抗药性的生物源农药进行防治。可选用3%多抗霉素可湿性粉剂600～900倍液、0.5%小檗碱水剂300～400倍液、5%香芹酚水剂600～800倍液、3亿个/克哈茨木霉菌可湿性粉剂300～500倍液或100亿个/克枯草芽孢杆菌可湿性粉剂750～1000倍液，每隔7天交替使用1次，连续2～3次。

4 白粉病

辣椒白粉病叶面粉斑

辣椒白粉病叶面褪绿斑

辣椒白粉病叶面褪绿斑

辣椒白粉病叶面黄斑

辣椒白粉病叶面褪绿斑

辣椒白粉病叶背粉状物

辣椒白粉病叶背病斑

辣椒白粉病叶面褪绿斑

辣椒白粉病叶面褪绿斑

辣椒白粉病叶面褪绿斑

病原及症状识别

辣椒白粉病病原为鞑靼内丝白粉菌，属子囊菌亚门真菌，无性阶段称辣椒拟粉孢。白粉病是设施辣椒上的主要病害之一。该病主要为害叶片，其主要特征是叶面出现褪绿斑。发病初期叶面出现数量不等、形状不规则的较小褪绿斑，褪绿斑多呈现不规则状圆形，叶背可出现稀疏状霉层；褪绿斑向四周迅速扩展，导致叶面大部分褪绿，背面霉层增多，霉层白色，呈交织状，严重时茎蔓、果柄、萼片上也可长出白色粉状物。辣椒白粉病霉层一般出现在叶背，只有少数非常敏感的品种，才会在叶片正面出现霉层。

传播途径和发病条件

辣椒白粉病病原菌主要以闭囊壳在病残体上越冬，翌年条件适宜时，放射出子囊孢子进行传播，进而产生无性孢子进行再侵染和扩散蔓延。常年种植辣椒的温室和大棚，病原菌分生孢子在辣椒和其他寄主上存活，无明显越冬现象，分生孢子可不断产生，辗转为害。分生孢子在10℃~37℃时均可萌发，最适气温20℃，温室内湿度大，菌丝生长慢，但分生孢子萌发侵染概率大，而湿度小，孢子萌发侵染概率小，但菌丝生长快，产孢量增大，所以在忽干忽湿的条件下，尤其当高温干旱与高温高湿交替出现、又有大量白粉菌源时易流行。种植密度大、光照不足、通风不良、水肥管理不当，都有利于病害发生。

防治方法

1.生物防治。喷洒2%农抗120水剂或2%武夷菌素(BO-10)水剂200倍液，间隔6~7天叶喷1次，防治效果可达90%以上。

2.物理防治。发病初期叶喷27%高脂膜乳剂80~100倍液，可防止病菌侵入，并造成缺氧条件使白粉菌死亡。一般间隔5~6天喷1次，连喷3~4次。

3.加强田间管理。施用充分腐熟的有机肥，增施磷钾肥，培育健壮植株，提高植株抗病能力；合理密植，加强通风透光，浇水选在晴天上午，控制田间湿度，尽量避免田间忽干忽湿。

4.化学防治。发病初期可选择叶喷40%多·硫悬浮剂500~600倍液、50%硫磺悬浮剂250~300倍液、25%咪鲜胺乳油2000~3000倍液、12%苯甲·氟酰胺悬浮剂1000~1500倍液、40%氟硅唑乳油8000~10000倍液、12.5%腈菌唑乳油2000倍液、30%氟菌唑可湿性粉剂2000倍液、62.25%腈菌唑·锰锌可湿性粉剂600倍液、25%嘧菌酯悬浮剂1500倍液、56%嘧菌·百菌清悬浮剂1000倍液、32.5%苯甲·嘧菌酯悬浮剂1200倍液、10%苯醚甲环唑水分散粒剂1200倍液、25%吡唑醚菌酯乳油2000~3000倍液、25%咪鲜胺乳油1500~2000倍液、11.7%苯醚甲环唑·氟唑菌酰胺悬浮剂3000倍液、42.4%唑醚·氟酰胺水分散粒剂3000倍液、30%醚菌·啶酰菌悬浮剂2000倍液、12.5%四氟醚唑水乳剂2000~2500倍液、50%醚菌酯干悬浮剂3500倍液、70%代森联干悬浮剂600倍液、6%氯苯嘧啶醇可湿性粉剂1500倍液、43%戊唑醇悬浮剂6000倍液、41.7%氟吡菌酰胺悬浮剂5000~10000倍液、29%吡萘·嘧菌酯悬浮剂1000~1700倍液、43%氟菌·肟菌酯悬浮剂5000~10000倍液、35%氟菌·戊唑醇悬浮剂5000~10000倍液、38%唑醚·啶酰菌水分散粒剂1000倍液、75%肟菌·戊唑醇水分散粒剂1500~3000倍液或2%春雷霉素水剂400倍液，7~10天喷施1次，连续2~3次。技术要点是早预防，全面喷施，保证叶片正面、反面、叶柄、茎秆等处均匀受药，不可遗漏。重病温室在药剂防治前需适当摘除病叶。

5 炭疽病

辣椒炭疽病叶面症状

辣椒炭疽病叶背症状

辣椒炭疽病叶面症状

辣椒炭疽病叶背症状

辣椒炭疽病叶面症状

辣椒炭疽病叶背症状

辣椒炭疽病茎秆症状

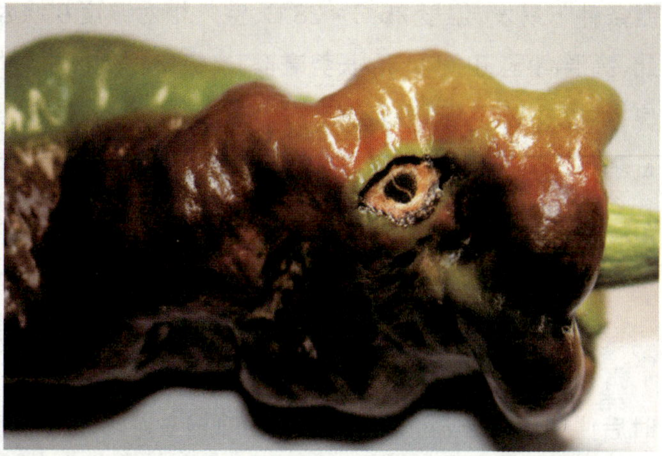

辣椒炭疽病果实症状

辣椒炭疽病甜椒果实症状

辣椒炭疽病甜椒果实症状

辣椒炭疽病果实症状

病原及症状识别

辣椒炭疽病病原为辣椒刺盘孢，属半知菌亚门真菌。叶片染病，初为褪绿水渍状斑点，逐渐变成褐色，中间淡灰色，病斑上轮生小黑点，病斑形状不规则，严重时病斑连片，病叶容易脱落；果柄受害，产生不规则的褐色凹陷斑，干燥时易破裂；果实被害，初现水渍状黄褐色圆斑或不规则斑，斑面有隆起的同心轮纹，并生出许多黑色小点。湿度大时，边缘呈软腐状，干燥时病斑干缩呈膜状，易破裂。

传播途径和发病条件

病菌主要以菌丝体潜伏于种子内，或以分生孢子附着于种子表面，或以拟菌核和分生孢子盘在落地的病株残体上越冬。翌年，越冬菌源产生分生孢子，借助风雨传播，由寄主伤口和表皮直接侵入，借助气流、昆虫、育苗和农事操作传播并在田间反复侵染。调运未消毒的带菌种子，可以远距离传播病害。辣椒炭疽病在温暖潮湿条件下易发，温度25℃～28℃、空气相对湿度80%左右是发病的最佳条件。因此，高温高湿、田间郁闭、长势衰弱，炭疽病发生严重。地势低洼、土质黏重、排水不良、种植过密而通透性差、施肥不足或氮肥过多、管理粗放引起表面伤口、果实受烈日暴晒等情况，都易于诱发此病，加重病害的侵染与流行。

防治方法

1. 种子处理。用55℃温水浸种30分钟，不断搅拌，然后移入冷水浸种3～4小时后催芽播种；或将种子在冷水中预浸6～15小时，再用1%硫酸铜溶液浸泡5分钟，取出后拌入少量草木灰，然后再播种；或用70%异菌脲·锰锌可湿性粉剂600～800倍液浸种30分钟，带药催芽或直接播种。

2. 加强栽培管理。合理密植，配方施肥，避免高温高湿，注意排水；避免连作，发病严重地区应与瓜类和豆类蔬菜轮作2～3年；适当增施磷肥、钾肥，促使植株生长健壮，提高抗病力；采用小水沟灌，杜绝大水漫灌，沟灌时水深最多达垄高2/3处即可，切不可淹垄，有条件的最好采用滴灌；合理密植，控制田间湿度；适时采收。田间发现病果、病株，应及时摘除或拔除以防病害蔓延。收获后及时清洁田园，减少初侵染源。

3. 药剂防治。病害发生初期可用药剂喷雾防治，可选用的药剂有：25%嘧菌酯悬浮剂1000～2000倍液、30%醚菌酯悬浮剂1500～2500倍液、50%异菌脲悬浮剂1500倍液、42%三氯异氰尿酸可湿性粉剂800～1000倍液、70%丙森锌可湿性粉剂600～800倍液、80%福·福锌可湿性粉剂600～800倍液、25%咪鲜胺乳油2000倍液、50%苯菌灵可湿性粉剂1000倍液、70%代森锰锌可湿性粉剂500倍液、50%多菌灵可湿性粉剂500倍液、37%苯醚甲环唑水分散粒剂1500～2000倍液、20%唑菌胺酯水分散粒剂1000～1500倍液、20%硅唑·咪鲜胺水乳剂2000～3000倍液、20%苯醚·咪鲜胺微乳剂2500～3500倍液、42.8%氟菌·肟菌酯悬浮剂3000倍液、10%苯醚甲环唑水分散粒剂1500倍液+22.7%二氰蒽醌悬浮剂1500倍液或40%氟硅唑乳油6000～8000倍液，每隔7～10天喷洒1次，连续防治2～3次。

6 煤污病

辣椒煤污病叶片症状

辣椒煤污病叶片症状

辣椒煤污病叶片症状

叶片和果实混发症状

病原及症状识别

辣椒煤污病病原为煤污假尾孢，属半知菌亚门真菌，主要在叶面、枝梢上形成黑色至炭黑色小霉斑，分布在叶面局部或叶脉附近，后扩大连片，使整个叶面、嫩梢上布满黑色霉层。严重时，黑色霉状物可覆盖整个叶片和果实表面，叶柄和茎上也常长出黑色霉状物。由于煤污病菌种类很多，同一植物上可染上多种病菌，其症状上也略有差异。呈黑色霉层或黑色煤粉层是该病的重要特征。

传播途径和发病条件

辣椒煤污病病菌以菌丝和分生孢子在病部及落叶上越冬，翌年孢子由风雨、昆虫等传播。煤污病菌的种类十分丰富，病菌可寄生到蚜虫、粉虱等昆虫的分泌物和排泄物上发育，同时也能寄生到植物自身的分泌物上生长发育，从而成为侵染源进行传播为害。煤污病属表生非寄生病害，对寄主植物不会产生直接为害，但其在植物叶片、茎秆上形成或稀或密的菌丝层，严重影响到植物的光合作用，从而影响正常生长，导致叶片早衰脱落。同时衰弱的长势容易诱发次生病虫害的发生。果实发病时，降低果实的商品性。高温多湿、光照弱、通风不良以及蚜虫、粉虱等分泌蜜露害虫发生量大均能加重发病，病症一般多从下部叶片开始发病。

防治方法

1. 改善植物生长条件。闷湿的环境利于发病，温室要合理稀植，合理灌水，注意通风透光，及时整枝打杈，去掉下部老病叶，以降低湿度，切忌环境湿闷。

2. 治虫防病。该病发生与分泌蜜露的刺吸式口器昆虫关系密切，所以及时防治蚜虫、粉虱等害虫是预防此病的主要措施。可用10%烯啶虫胺水剂2000～4000倍液、10%吡虫啉可湿性粉剂1500倍液、24%螺虫乙酯悬浮剂1500～2000倍液、3%啶虫脒乳油2000倍液或10%吡丙·吡虫啉悬浮剂1500倍液喷雾防虫。

3. 药剂防治。在防虫的同时，于病害点片发生阶段，及时喷洒70%甲基硫菌灵可湿性粉剂800倍液、10%苯醚甲环唑水分散粒剂1000倍液、25%嘧菌酯悬浮剂2000倍液、50%苯菌灵可湿性粉剂1500倍液、40%多菌灵胶悬剂600倍液、50%多霉灵（多菌灵加万霉灵）可湿性粉剂1500倍液、65%硫菌·霉威可湿性粉剂1500～2000倍液或50%异菌脲可湿性粉剂1000倍液+75%百菌清可湿性粉剂600～800倍液，隔15天左右喷洒1次，视病情防治1～2次。采收前3天停止用药。

7 白星病

辣椒白星病叶片症状

辣椒白星病叶面症状

辣椒白星病叶片症状

辣椒白星病叶背症状

病原及症状识别

辣椒白星病病原为辣椒叶点霉，属半知菌亚门真菌。主要为害叶片，苗期和成株期均可发病。病斑初期表现为圆形或近圆形，边缘呈深褐色的小斑点，病斑稍隆起，中央白色或灰白色，后期病斑上散生黑色小粒点，即病菌分生孢子器。病斑中间有时脱落，形成穿孔，发病严重时造成大量落叶。

传播途径和发病条件

病菌以分生孢子在病残体或种子上越冬。翌年条件适宜时侵染叶片并繁殖，以分生孢子借风雨传播蔓延，形成初侵染和再侵染。气温25℃～28℃、相对湿度高于85%时容易发病；叶面上有水滴对该病发生特别重要，利于病菌从分生孢子器中涌出，且分生孢子萌发及侵入均需有水滴存在。生产上高温高湿的条件下易发病。最易感病生育期为苗期到结果中后期，发病潜育期7～10天。连作地、地势低洼、排水不良、通风透光差、植株生长衰弱时发病重。

防治方法

1. 强栽培管理。采收后及时清除病残叶，集中销毁，减少初侵染源；采用高垄栽培，加强通风，降低田间湿度；加强肥水管理，施用充分腐熟的有机肥，注意增施磷钾肥；培育壮苗，适时定植，合理密植。

2. 药剂防治。发病初期及时喷洒70%代森锰锌可湿性粉剂600倍液、80%戊唑醇水分散粒剂6000～8000倍液、12.5%腈菌唑乳油2500倍液、50%氟环唑水分散粒剂4000～5000倍液、80%丙森锌水分散粒剂600～800倍液、50%嘧菌酯水分散粒剂4000～6000倍液、10%苯醚甲环唑水分散粒剂900～1500倍液、50%异菌脲悬浮剂1000倍液或25%啶氧菌酯悬浮剂500～800倍液，每隔7～10天喷1次，连续喷雾2～3次。

8　疫病

辣椒疫病幼苗症状

辣椒疫病嫁接苗症状

辣椒疫病为害辣椒幼苗

辣椒疫病叶面症状

辣椒疫病初花期症状

辣椒疫病叶背症状

辣椒疫病果实霉层

辣椒疫病果实霉层

辣椒疫病初果期症状

辣椒疫病茎秆症状

辣椒疫病根颈部症状

辣椒疫病田间症状

辣椒疫病根颈部症状

病原及症状识别

辣椒疫病病原为寄生疫霉菌，属鞭毛菌亚门真菌。辣椒疫病是设施栽培辣椒上的主要病害之一。设施栽培条件下，在辣椒苗期、成株期均可发生疫病。幼苗发病，茎基部呈暗绿色水渍状软腐或猝倒，又称苗期猝倒病。成株期发病，一般多发生在茎基部和枝杈处，表现为地上部植株部分枝条发生萎蔫，早晚可恢复，发病严重时早晚不可恢复。最初茎基部产生水渍状暗绿色病斑，后扩展成不规则形黑褐色斑，绕茎一周后病斑处的皮层腐烂、缢缩，病部明显下陷，与周围健康组织分界明显，木质部变色。植株地上部萎蔫。

叶片染病，病斑呈水渍状，边缘黄绿色，中央暗褐色，湿度大时，可见白色霉层；果实染病始于蒂部，初生暗绿色水渍状斑，迅速变褐软腐，湿度大时长出白色霉层，即病原菌孢囊梗及孢子囊，干燥后形成暗褐色僵果留在枝上。

传播途径和发病条件

土壤带菌是疫病发生的主要原因。温棚一大茬辣椒有两个发病高峰，10—11月份定植初期，以及5—6月份采收中后期，大棚辣椒的发病高峰一般多在初果期和初夏。苗床湿度大、定植时伤根、缓苗期延长、施肥过量引起烧根、土壤盐碱重、定植时灌药过量、秧苗长势弱以及根系欠发达等多种因素均能加重发病；土质黏重，田间排水不畅，容易积水的地块发病重；浇水过勤，浇水量大，植株定植过密，通风透光不良的地块发病重。

防治方法

提倡综合防治技术，以健身栽培为基础，辅以适当的药剂防治。

1. 夏秋休棚季节采用日光能生物高温闷棚技术处理土壤，预防发病。选5—7月高温时段温室休棚期，于上茬蔬菜收获后平整土地、浇底水，待土壤湿度适宜时撒播甘蓝型油菜（甘蓝型油菜较其他油菜产草量高），亩播量0.5～1千克。播后40～45天左右油菜始花时深翻或旋耕，深度25～40厘米。随后浇水，地面覆盖旧棚膜或地膜并压严四周。覆膜时接缝处须用土压实，以防薄膜收缩而漏气，影响升温。修补棚外薄膜和风口膜，要求内外薄膜不透风、不漏气。门口张挂保温棉帘，密闭棚室30天以上。如取材方便，也可直接选用夏菜废弃的甘蓝、花椰菜、芥菜等芸薹属植物的茎叶代替油菜做绿肥，用量须达到3.5千克/平方米以上。深翻或旋耕前亩施1～2立方米生鸡粪效果更佳。日光能生物高温闷棚原理是利用芸薹属植物腐解过程中产生的芥子气和闷棚时产生的高温（密闭时棚温可高达60℃以上、0～20厘米地温达55℃以上）熏杀棚内和土壤中的病菌和害虫，可有效防治土传病害和根结线虫，同时也可活化土壤中的磷元素，防虫、防病效果显著。值得注意的是，闷棚结束后须用大水泡地2遍，淋洗掉土壤中多余的盐分，以防下茬作物发生盐分障碍和锰中毒。

2.嫁接栽培。选用抗病或耐病砧木，实行嫁接栽培。

3.加强田间管理。合理施肥，施入充分腐熟的有机肥作基肥，适当控制氮肥，配施磷肥、钾肥、增施微肥，促使植株生长健壮，增强抗病力；采用地膜覆盖高垄栽培，垄高不低于25厘米；采用小水沟灌，杜绝大水漫灌，沟灌时水深达垄高2/3处即可，切不可淹垄，有条件的最好采用滴灌；合理密植，控制田间湿度；收获后及时清洁田园，减少初侵染源。

4.加强生态管理。采用垄沟覆草、安装滴灌、后墙张挂反光幕等措施，适时放风，尽量降低棚内湿度。在湿度管理上，傍晚适时盖帘保温，上午及早放风排湿，尽量缩短叶面结露时间，以放风半小时内棚室雾气散尽为宜。

5.药剂喷淋茎部并结合灌根及涂抹。发病初期可用72.2%霜霉威盐酸盐水剂800倍液、58%甲霜·锰锌可湿性粉剂600倍液、70%丙森锌可湿性粉剂600倍液、52.5%恶酮·霜脲氰可湿性粉剂1500倍液、25%烯肟菌酯乳油1500～2000倍液进行灌根，或同胶泥混合成糊状涂抹根颈部，可控制病害的发展。药剂要轮换交替使用，延缓抗性产生。

中心病株出现后及时拔除，带出棚外集中深埋，然后用生石灰处理病株周围的土壤，同时对病株周围的其他植株用687.5克/升氟菌·霜霉威悬浮剂800～1000倍液、18.7%烯酰·吡唑酯水分散粒剂600～800倍液、60%唑醚·代森联水分散粒剂1000倍液、50%锰锌·氟吗啉可湿性粉剂600～800倍液、10%氟噻唑吡乙铜可分散油悬浮剂2000～3000倍液、50%烯酰吗啉可湿性粉剂1500倍液、500克/升氟啶胺悬浮剂1500倍液、25%双炔酰菌胺悬浮剂1000倍液、58%甲霜·锰锌可湿性粉剂600倍液、70%丙森锌可湿性粉剂600倍液、66.8%丙森·异丙菌胺可湿性粉剂600～800倍液、12%绿乳铜乳油600～800倍液、77%氢氧化铜可湿性粉剂500倍液、25%吡唑醚菌酯可湿性粉剂3000倍液、75%乙铝·百菌清可湿性粉剂500～600倍液、20%二氯异氰尿酸钠可溶性粉剂1000～1500倍液、68.75%氟吡菌胺·霜霉威悬浮剂1000倍液+25%嘧菌酯悬浮剂3000倍液、68%精甲霜灵·锰锌可湿性粉剂1000倍液、25%嘧菌酯悬浮剂1000倍液喷雾防治。每隔10天左右防治1次，视病情防治2～3次。

9 根腐病

辣椒根腐病症状

辣椒根腐病症状

辣椒根腐病症状

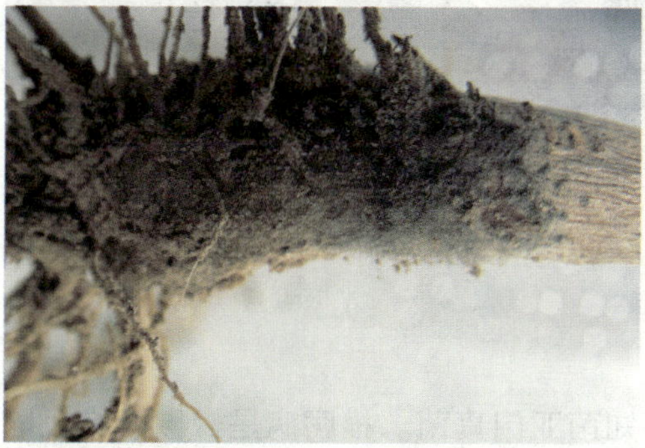
辣椒根腐病症状

辣椒根腐病症状

辣椒根腐病症状

辣椒根腐病症状

辣椒根腐病田间症状

辣椒根腐病田间症状

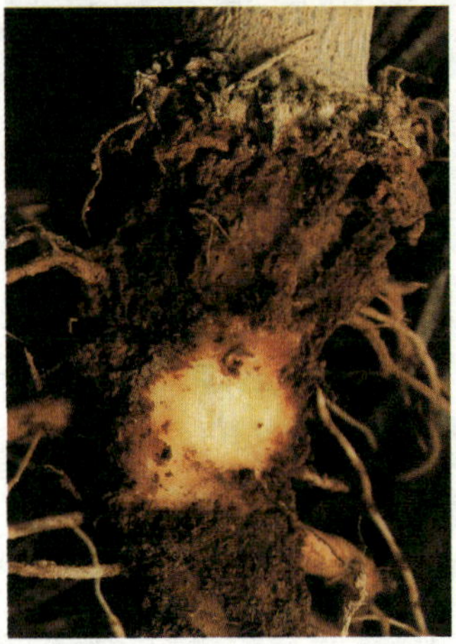

辣椒根腐病症状

辣椒根腐病植株症状

辣椒根腐病植株症状

病原及症状识别

辣椒根腐病病原为腐皮镰孢菌，属半知菌亚门真菌。根腐病是辣椒设施栽培中的主要病害之一，多发生于辣椒定植后，生产中常和辣椒疫病混合发生。初发病时，叶片白天表现萎蔫，早晚尚可恢复，几日后，叶片变黄干枯，整株死亡。检查根部或根颈部，表皮呈褐色腐烂，容易剥开，木质部外露。剖开茎基部，维管束也变成灰黑色至褐色。湿度大时病部可长出白色至粉红色霉层。本病与枯萎病的不同点是：维管束变褐只限于腐烂部分，不再向上发展。

传播途径和发病条件

辣椒根腐病病原菌以菌丝体、厚垣孢子或菌核在土壤中及病残体上越冬。厚垣孢子可在土中存活5～6年或长达10年，成为主要侵染源。病菌从根部伤口侵入，后在病部产生分生孢子，借雨水或灌溉水传播蔓延，进行再侵染。高温、高湿有利于其发病，连作地、低洼地、黏土地或浇水口发病重。

防治方法

1.合理轮作换茬。与大白菜、甘蓝、大蒜、大葱等作物实行5年以上的轮作倒茬，是减轻或杜绝根腐病发生的重要栽培措施。

2.土壤处理。定植前用多菌灵等广谱性药剂进行土壤处理，或夏秋休闲季节采用日光能生物高温闷棚技术处理土壤，预防发病（具体方法参见辣椒“疫病”防治相关内容）。

3.科学管理。保护地土地要平整；浇水时要适时，不可大水漫灌，有条件的可进行滴灌，保持土壤半干半湿状态；及时增施磷钾肥，增强抗病力。根腐病发病时，白天注意降温、晚上保温，并在根系周围扒开塑料膜和表土进行晾根、晒根，以减轻根腐病的发生。采用高垄栽培，既有利于提早封垄，又有利于增温透光和田间管理；加强棚内温湿度和地温管理，温度升高后及时放风排湿，地温低时及时松土保温。

4.做好发病田的隔离。对于一些新菜区，根腐病发病率低或基本没有发病，造成的损失也不大。如果发现一株或少数几株植株被确认为根腐病，就应及时采用隔离病区的办法，控制根腐病的蔓延。及时拔除发现的病株带出棚外深埋处理，并在病株处及周围撒石灰消毒。

5.药剂灌根。定植时可选用20%乙酸铜可湿性粉剂800倍液或15%恶霉灵水剂2000倍液浸根10～15分钟，防效较好。定植缓苗后，可选用50%多菌灵可湿性粉剂600倍液、14%络氨铜水剂300倍液、15%恶霉灵水剂1500～2000倍液、50%氯溴异氰尿酸可溶性粉剂1000～1500倍液、20%二氯异氰尿酸钠可湿性粉剂500倍液、5%丙烯酸·恶霉·甲霜水剂800～1000倍液、5%水杨菌胺可湿性粉剂300～500倍液、80%多·福·福锌可湿性粉剂700～800倍液、20%乙酸铜可湿性粉剂800倍液或5%井岗霉素水剂1500倍液灌根，每株250毫升，每7～10天1次，连灌2次。

10 黄萎病

辣椒黄萎病茎秆维管束症状

辣椒黄萎病茎秆维管束症状

病原及症状识别

辣椒黄萎病病原为大丽轮枝菌，属半知菌亚门真菌。黄萎病是维管束侵染的系统性病害，发病后整株表现症状，多发生在辣椒生长中后期。初发病时，接近地面的叶片首先下垂，叶缘或叶尖逐渐变黄，发干或变褐，叶脉间的叶肉组织变黄，后发展至半边叶片或整片叶变黄，早期病叶晴天高温时呈萎蔫状，早晚尚可恢复，后期病叶由黄变褐，终致萎蔫下垂以致脱落，严重时全株叶片变褐萎垂、脱光，仅剩茎秆。横切病株根、茎及叶柄等部位，可见维管束变褐。

传播途径和发病条件

辣椒黄萎病病菌以菌丝体、厚垣孢子和微菌核随病残体在土壤中越冬，在土壤中可存活6～8年。翌年病菌从根部的伤口或直接从幼根表皮及根毛侵入，后在维管束内繁殖，并扩展到枝叶。土壤温度20℃～25℃、土壤湿度大、土壤pH6～8条件下，有利于发病。土质黏重、盐碱地、重茬、偏施氮肥、生粪烧根、定植伤根、中午烈日下栽苗等发病严重。

防治方法

辣椒黄萎病病菌生存力强、传播快、危害大、防治难。防治上要坚持以选用抗病品种和嫁接栽培为基础，以加强栽培管理为中心，以药剂防治为辅助的综合防治措施，才能有效防治黄萎病。

1. 嫁接防治。用对黄萎病等土传病害高抗或耐病的辣椒做砧木，栽培品种作接穗进行嫁接，是预防黄萎病最有效的手段。

2. 土壤消毒。定植田用50%多菌灵可湿性粉剂5～8千克/亩进行土壤消毒。也可在夏秋休闲季节采用日光能生物高温闷棚技术处理土壤，杀灭土壤中的黄萎病菌。

3. 水肥管理。地温偏低时尽量少浇水，浇水时要选择晴暖天气，以免引起黄萎病暴发。高温季节要小水勤浇，控制发病。施用腐熟的农家肥，切忌偏施氮肥，忌施生粪，以免烧根。

4. 药剂灌根或喷淋。发病初期可用药剂对根颈部及其周围土壤喷淋灌根，可用选40%多菌灵可湿性粉剂或30%多·福可湿性粉剂500倍液、80%多·福·福锌可湿性粉剂700～800倍液、50%琥胶肥酸铜可湿性粉剂350倍液、80%烯酰吗啉水分散粒剂2000倍液、5%丙烯酸·恶霉·甲霜水剂800～1000倍液、5%水杨菌胺可湿性粉剂300～500倍液+2%氨基寡糖素水剂500～600倍液或80%乙蒜素乳油2000倍液等轮流灌根或喷淋，每株100毫升。

11 枯萎病

辣椒枯萎病症状

辣椒枯萎病维管束症状

辣椒枯萎病症状

辣椒枯萎病维管束症状

辣椒枯萎病维管束变褐症状

辣椒枯萎病初期维管束症状

辣椒枯萎病维管束变褐症状

辣椒枯萎病维管束变褐症状

辣椒枯萎病结果初期症状

辣椒枯萎病初花期症状

辣椒枯萎病田间症状

辣椒枯萎病田间症状

病原及症状识别

辣椒枯萎病病原为尖镰孢菌，属半知菌亚门真菌。辣椒枯萎病是系统侵染性病害，各个时期均可发生，以结果期发病最重。初期与地面接触的茎基部皮层出现暗绿色水渍腐烂，地上部茎叶迅速凋萎。有时病情只在茎的一侧发展，形成条状坏死区，后期全株枯死。地下根系呈水渍状软腐，纵剖茎基部，可见维管束变为褐色。湿度大时，病部常产生白色或蓝绿色霉状物。

传播途径和发病条件

辣椒枯萎病病菌主要以厚垣孢子在土壤中越冬，通过灌溉水传播，从茎基部或根部的伤口、根毛侵入，致使叶片枯萎。发病适宜温度24℃~28℃，最高37℃，最低17℃。在适宜条件下，发病后15天即有死株出现。土壤含水量高、湿度大时发病重；日照少、降雨量大及土壤黏重、地势低洼、排水不良、管理粗放等有利于发病。氮肥过量、磷钾不足、施用未充分腐熟的带菌有机肥或土壤中含钙量高、地下害虫为害重均易诱发枯萎病。

防治方法

1. 加强田间管理。与非茄科作物实行轮作倒茬；合理灌溉，尽量避免田间积水；增施钾肥、微肥和有机肥料，减少速效氮肥使用量，防止旺长，提高植株抗病性。

2. 选择适宜本地的抗病品种，嫁接防病，有良好的预防效果。

3. 种子处理。用55℃温水浸种15分钟，不断搅拌，然后移入冷水浸种3~4小时后催芽播种。也可用0.1%高锰酸钾浸种15~20分钟。

4. 苗床及土壤处理。用50%多菌灵可湿性粉剂1千克加细土200千克，撒入苗床或定植穴中。也可在夏秋休闲季节采用日光能生物高温闷棚技术处理土壤，杀灭土壤中的病菌。

5. 药剂浸根和灌根。定植时可用15%恶霉灵水剂2000倍液浸根10~15分钟，防效较好。定植缓苗后，可选用15%恶霉灵水剂1500~2000倍液、60%琥·乙膦铝可湿性粉剂350倍液、77%可杀得可湿性粉剂500倍液、14%络氨铜水剂300倍液、30%苯噻氰乳油1000~1200倍液、15%混铜·多菌灵悬浮剂200~400倍液、0.5%氨基寡糖素水剂400~600倍液、25.9%络氨·铜锌水剂400~600倍液、5%丙烯酸·恶霉·甲霜水剂800~1000倍液、5%水杨菌胺可湿性粉剂300~500倍液、80%多·福·福锌可湿性粉剂700~800倍液、5%井岗霉素水剂1500倍液、20%乙酸铜可湿性粉剂800倍、2%农抗120水剂200倍液或12%绿乳铜乳油500倍液进行灌根，每株灌200~250毫升。

12 细菌性叶斑病

辣椒细菌性叶斑病叶背症状

辣椒细菌性叶斑病叶片症状

辣椒细菌性叶斑病叶背症状

辣椒细菌性叶斑病叶片症状

病原及症状识别

辣椒细菌性叶斑病病原为丁香假单孢杆菌，主要为害叶片。成株叶片发病，初呈黄绿色不规则水浸状小斑点，扩大后病斑色变为红褐色或深褐色至铁锈色，病斑膜质，大小不等。干燥时，病斑多呈红褐色。有的从叶缘处开始侵染，背面呈水渍状褐色斑。该病扩展速度很快，一株上个别叶片或多数叶片发病，植株仍可生长，严重的叶片发黄，大部分脱落。细菌性叶斑病病健交界处明显，但不隆起，别于疮痂病。

传播途径和发病条件

辣椒细菌性叶斑病病菌在病残体上越冬，借风雨或灌溉水传播，从叶片伤口处侵入。地势低洼、管理粗放、肥料缺乏、植株衰弱或偏施氮肥而使植株徒长，易致发病严重。

防治方法

1. 种子处理。

（1）温汤浸种。先将种子放入清水中浸泡6～10小时，滤干后放入55℃温水中处理10分钟，再用冷水冷却。

（2）药剂浸种。种子洗净后，稍晾干，用1%硫酸铜溶液浸种5分钟，取出后用水洗净再催芽播种。

2. 药剂防治。发病初期可用14%络氨铜水剂300倍液、77%氢氧化铜可湿性微粒粉剂500倍液、47%春雷·王铜可湿性粉剂800倍液、12%松脂酸铜乳油600～800倍液、27%碱式硫酸铜悬浮剂400倍液、20%噻菌铜悬浮剂500倍液、20%噻唑锌悬浮剂500倍液、33.5%喹啉铜500～750倍液、20%喹菌酮水剂1000～1500倍液、36%三氯异氰尿酸可湿性粉剂1000～1500倍液、50%氯溴异氰脲酸水溶性粉剂1000倍液、60%琥·乙膦铝（DTM）可湿性粉剂500倍液、80%乙蒜素乳油800～1000倍液、2%春雷霉素可湿性粉剂300～500倍液、3%中生菌素可湿性粉剂750倍液、多黏类芽孢杆菌微粒剂750～1500倍液、新植霉素可湿性粉剂1500倍液或3%多抗霉素水剂800倍液进行喷雾防治。铜制剂施用次数不能超过3次，以免引起药害。一般隔7～10天喷药1次，连续防治2～3次。收获前4天停止用药。

13 细菌性疮痂病

辣椒细菌性疮痂病叶片症状

辣椒细菌性疮痂病苗期症状

辣椒细菌性疮痂病叶背症状

辣椒细菌性疮痂病苗期症状

辣椒细菌性疮痂病叶片症状

辣椒细菌性疮痂病苗期症状

辣椒细菌性疮痂病苗期症状

辣椒细菌性疮痂病苗期症状

病原及症状识别

辣椒细菌性疮痂病病原为野油菜黄单孢杆菌辣椒斑点病致病变种，属细菌。辣椒疮痂病又称细菌性斑点病，发生在叶片、叶柄、茎、果实和果柄等部位，尤其在叶片上发生普遍。幼苗发病，子叶上产生银白色水浸状小斑点，后发展成暗色凹陷病斑。成株期叶片上产生水渍状圆形或近圆形黄绿色小斑，扩大后边缘深褐色至灰色，中间灰白色，病斑边缘稍隆起，呈疮痂状，中央稍凹陷。病斑常常容易穿孔而破裂。严重的病叶，叶缘、叶尖产生不规则形水浸状长条斑，然后干枯、破裂，最后脱落。果梗、茎秆及叶柄上的病斑初为水浸状不规则条斑，以后边缘暗褐色，中间灰白色隆起、纵裂，呈疮痂状。果实上的病斑为暗褐色隆起的小点，后期木栓化，或呈泡疹状，逐渐扩大为黑色疮痂，潮湿时，疮痂中间有菌液溢出。

传播途径和发病条件

辣椒疮痂病病原细菌主要在种子表面越冬，也可随病残体在田间越冬。病菌从叶片上的气孔侵入，潜育期3～5天。在潮湿情况下，病斑上产生的灰白色菌脓借雨水飞溅及昆虫近距离传播。发病适温27℃～30℃，高温高湿条件时病害发生严重。高湿持续时间长，叶面结露对该病发生和流行至关重要。连作重茬、高温高湿、排水不良、长势衰弱或徒长，都会加重疮痂病的发生。

防治方法

1. 农业防治。

(1)选用抗病品种。不同品种对该病的抵抗力有很大差异,一般辣椒较甜椒抗病,可根据当地气候条件和品种特性进行选择。

(2)合理轮作,与非茄科作物2年以上轮作。

(3)育苗棚室遇高温天气要及时通风,保持植株叶片不结露。

(4)合理密植,适当控水控量,避免田间湿度过大。均衡施肥,合理整枝打杈、疏花疏果,及时摘除下部老叶病叶,通风透光,以增强植株抗病性。加强通风,调节好温室的温度与空气相对湿度,使温度白天维持在25℃~30℃,夜间维持在13℃~15℃,空气相对湿度控制在70%以下,可促进作物生长发育,抑制病害的侵染和发展。

2. 种子处理。

(1)温汤浸种。先将种子放入清水中浸泡6~10小时,滤干后放入55℃温水中处理10分钟,再用冷水冷却。

(2)药剂浸种。种子洗净后,稍晾干,用1%硫酸铜溶液浸种5分钟,取出后用水洗净再催芽播种。

3. 药剂防治。该病施药预防效果不佳,应注意田间发病情况,加强监测,及时正确识别病害。发病初期,特别是遇持续阴天后及时喷药防治。可选用14%络氨铜水剂300倍液、77%氢氧化铜可湿性微粒粉剂500倍液、47%春雷·王铜可湿性粉剂800倍液、12%松脂酸铜乳油600~800倍液、27%碱式硫酸铜悬浮剂400倍液、20%噻菌铜悬浮剂1000~1500倍液、20%噻唑锌悬浮剂500倍液、33.5%喹啉铜悬浮剂500~750倍液、20%喹菌酮水剂1000~1500倍液、36%三氯异氰尿酸可湿性粉剂1000~1500倍液、50%氯溴异氰脲酸水溶性粉剂1000倍液、80%乙蒜素乳油800~1000倍液、3%中生菌素可湿性粉剂750倍液、多黏类芽孢杆菌微粒剂750~1500倍液、3%多抗霉素水剂800倍液、2%春雷霉素可湿性粉剂300~500倍液或新植霉素可湿性粉剂1500倍液进行喷雾防治。铜制剂施用次数不能超过3次,以免引起药害。视病情5~15天喷药1次,连续防治2~3次。收获前4天停止用药。

14 病毒病

辣椒病毒病环斑症状

辣椒病毒病坏死环斑症状

甜椒病毒病叶坏死症状

甜椒病毒病坏死症状

辣椒病毒病花叶型症状

辣椒病毒病茎秆坏死条斑症状

辣椒病毒病黄化型症状

辣椒病毒病厥叶型症状

辣椒病毒病茎秆坏死症状

辣椒病毒病花叶型果实症状

辣椒病毒病茎秆坏死症状

辣椒病毒病果实坏死条斑症状

辣椒病毒病果实症状

病原及症状识别

辣椒感染病毒病以后主要表现为花叶、黄化、畸形、坏死四种类型，有时几种症状也同时表现。花叶是辣椒上出现最早、最普遍的症状，主要表现为病叶出现浓绿和淡绿相间的斑驳，且新叶起泡皱缩。根据严重程度不同，花叶又分为轻花叶和重花叶。轻花叶是植株表现为黄绿相间的花叶症状，相对不矮化，但叶绿素被破坏，光合作用下降，植株生长受到抑制。重花叶是植株矮化不生长，叶片上有泡状斑、皱缩，叶面常凹凸不平，果实变小且明显皱缩，果实生长缓慢；叶片畸形丛生，叶脉褪绿，出现斑驳、花叶，叶片增厚，变窄呈线状，茎节间缩短，有时枝条丛生，后期植株矮化，果面出现黄绿相间的花斑或黄褐色斑点，果实木质化；叶脉上有时有褐色坏死斑点，主茎和枝条上有褐色坏死条斑，有时果面也出现褐色坏死条斑，以致植株死亡。

辣椒病毒病主要由黄瓜花叶病毒、辣椒斑纹病毒、烟草花叶病毒、马铃薯Y病毒、马铃薯X病毒引起。黄瓜花叶病毒和马铃薯X病毒引起花叶症状，烟草花叶病毒的不同株系分别引起花叶、环斑和条斑症状。

传播途径和发病条件

病毒的传播主要有三种途径。一是种子带毒；二是汁液摩擦传毒，整枝、打杈、摘心等农事活动中将病株汁液传给无病植株；三是昆虫传染，以蚜虫、粉虱和蓟马传毒率最高。

高温、干旱、日照强的条件下，病害发生严重；田间管理差，杂草丛生的地块发病较重；此外，夏秋高温季节栽培、育苗以及虫害控制不好时发病严重。

防治方法

病毒病的防治策略是重在预防、及时发现、及时清除、消灭毒源、减少扩散。

1.选择抗病品种。

2.种子处理。无病区留种采种，防止种子带毒。播前种子进行消毒处理，杀灭种子上的病毒。常用的方法有：

（1）10%磷酸三钠溶液处理种子20～30分钟，清洗干净后催芽。

（2）温汤浸种：55℃温汤浸种30分钟后，捞出催芽。

3.防控传播媒介。及时防治蚜虫、蓟马和粉虱等传毒昆虫，阻断传染源。

4.防虫网育苗栽培。高温季节用30目防虫网遮盖苗床，有条件时全棚覆盖或覆盖棚室放风口和入口，杜绝蚜虫、蓟马和粉虱等害虫为害传播。

5.清洁田园，严格消毒。定植前彻底清除棚室及其周围杂草，苗床和田间零星发病时及时拔除病株。在绑蔓、整枝、打杈和摘果等操作中，应先处理健株，后处理病株，接触过病株的手，要用肥皂水擦洗，刀剪等工具应酒精或高锰酸钾溶液消毒。

6.接种弱毒系保护。辣椒在2～3叶期用N-14、S52、NS83耐病毒诱导剂弱毒系100倍液接种，既耐病又增产。

7.加强田间管理。定植后，应加强肥水及温度的管理，以施用有机肥为主，增施磷钾肥，控制氮肥用量，促进秧苗早生快发，培育壮苗，提高植株抗病能力；整枝打杈过程中，发现个别感病植株，及时拔出并深埋处理；及时清除田间周围的杂草，切断可能的毒源。

8.药剂防治。病毒病目前尚无理想的治疗药剂，一般用三类阻止剂。

(1)病毒的钝化物质，如用豆浆、牛奶等高蛋白物质，清水稀释100～200倍液，喷洒于植株上，可减弱病毒的侵染能力，钝化病毒。

(2)保护物质，可用27%高脂膜乳剂80～100倍液喷雾，在植株上形成一层保护膜，阻止和减弱病毒的侵入，每7～10天喷施1次，共喷2～3次。

(3)抗病毒制剂。发病初期可选用5%菌毒清水剂500倍液、2%宁南霉素水剂200～400倍液、4%嘧肽霉素水剂300倍液、40%烯·羟·吗啉胍可溶性粉剂600倍液、20%盐酸吗啉胍·乙酸铜可湿性粉剂500～700倍液、25%琥铜·吗啉胍可湿性粉剂600～800倍液、30%毒氟磷可湿性粉剂500～1000倍液、6%寡糖·链蛋白(阿泰灵)可湿性粉剂1000倍液、1.8%辛菌胺醋酸盐水剂300～400倍液、0.5%香菇多糖水剂300～400倍液、2%氨基寡糖素(壳寡素)水剂1000倍液、0.5%葡聚烯糖可湿性粉剂4000～5000倍液、80%几丁聚糖(甲壳素)水剂6000倍液、0.4%低聚糖素(寡聚糖素)可湿性粉剂600～1200倍液、24%混脂·硫酸铜水乳剂85～125毫升/亩、1.5%烷醇·硫酸铜水剂(植病灵)1000倍液、0.5%菇类蛋白多糖水剂300倍液、0.05%核苷酸水剂500倍液、7.5%菌毒·吗啉胍水剂500倍液、18%腐殖·吗啉胍可湿性粉剂600倍液、31%氮苷·吗啉胍可湿性粉剂800倍液、2.1%烷醇·硫酸铜可湿性粉剂500～700倍液、3.85%三氮唑·铜·锌水乳剂600～800倍液、1.5%硫铜·烷基·烷醇水乳剂1000倍液、25%吗胍·硫酸锌可溶性粉剂500～700倍液、1.05%氮苷·硫酸铜水剂300～500倍液、83增抗剂100倍液、50%氯溴异氰脲酸可溶性粉剂1000倍液进行喷雾，抑制病毒在植株体内的运转和增殖。每隔5～7天1次，连续2～3次。

15　斑萎病毒病

辣椒斑萎病毒病叶片坏死斑症状

辣椒斑萎病毒病叶片初期症状

辣椒斑萎病毒病叶面斑驳症状

辣椒斑萎病毒病叶背斑驳症状

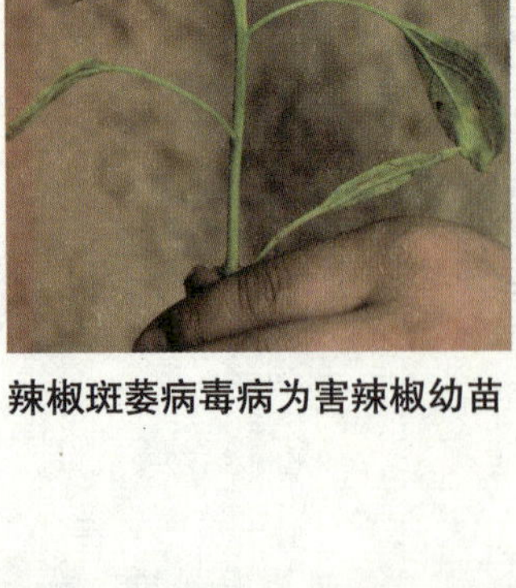

辣椒斑萎病毒病为害辣椒幼苗

斑萎病毒病引起辣椒“偏头”

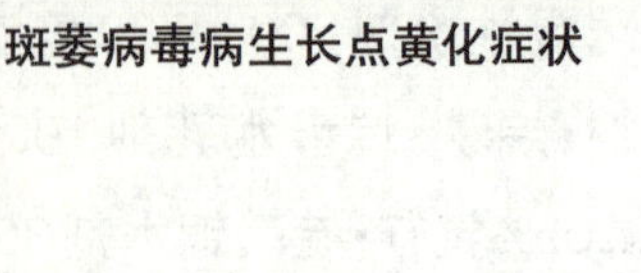

斑萎病毒病生长点黄化症状

斑萎病毒病生长点黄化症状

辣椒斑萎病毒病叶片斑驳症状

斑萎病毒病生长点萎蔫枯死

辣椒斑萎病毒病田间症状

辣椒斑萎病毒病田间症状

症状识别

辣椒斑萎病毒病病原是番茄斑萎病毒，属于布尼亚病毒番茄斑萎病毒属的典型成员。番茄斑萎病毒近年来在辣椒上有发现，苗期和定植后均可发病，感病后植株生长迟缓、矮化、黄化。发病初期在生长点附近的嫩叶黄化，之后快速萎蔫，变成深褐色或棕黄色斑驳，部分叶片皱缩不展，叶片不久后变成黑褐色枯死；同时生长点也皱缩萎蔫，继而歪斜不长，不能结果。中部叶片，出现不明显的大型黄色轮纹，然后变成深褐色至黑褐色枯死斑。随着病情发展，全株枯死。生产中发病的棚室几乎不会坐果就全部萎蔫枯死，损失严重。

传播途径和发病条件

番茄斑萎病毒的寄主范围非常广泛，能够侵染84个科1000多种双子叶和单子叶植物。番茄斑萎病毒借助蓟马，如烟蓟马、豆蓟马、西花蓟马、葱蓟马、烟草褐蓟马及苜蓿蓟马等永久性传播，西花蓟马是最重要的传播介体。蓟马只有在幼虫期获得病毒后才能传毒，成虫获毒后不能传毒。蓟马获毒后不能立刻传毒，病毒在虫体内度过侵染循回期后才能传毒，葱蓟马经5～10天变为成虫后才能传毒，西花蓟马获毒时间为15～30分钟或者更长时间，烟蓟马最短获毒期为15～30分钟，豆蓟马需30分钟，时间长传毒效率升高，蓟马一旦带毒，能持续传毒达20天以上，具终身传毒能力。带毒蓟马在取食过程中通过唾液将病毒传播到植物叶表细胞浅表皮，一般经4天潜育即可发病。分苗、定苗、整枝等农事操作中病株和健株相互摩擦碰撞，也可传播该病毒病。此外，种子可带毒进行远距离传播，还可通过汁液摩擦接种。

高温、干旱、日照强的条件下，病害发生严重；田间管理差、杂草丛生的田块发病较重。此外，夏秋高温季节栽培、育苗或虫害控制不好时发病严重。

防治方法

病毒病的防治策略是重在预防、及时发现、及时清除、消灭毒源、减少扩散。

1.加强检疫工作。加强对斑萎病毒病和西花蓟马的检疫，尤其是未发生该病的区域，防止毒源扩散是防治辣椒斑萎病毒病的一个重要措施。

2.加强田间管理。定植后，应加强肥水及温度的管理，培育壮苗，提高植株抗病能力；整枝打杈过程中，发现个别感病植株，及时拔出并深埋处理；及时清除田间周围的杂草，切断可能的毒源；在绑蔓、整枝、打杈和摘果等操作中，应先处理健株，后处理病株，接触过病株的手，要用肥皂水搓洗，刀剪等工具应用酒精或高锰酸钾溶液消毒。

3.种子处理。无病区留种采种，防止种子带毒。播前种子消毒处理，杀灭种子上的病毒。常用的方法有：

（1）10%磷酸三钠溶液处理种子20～30分钟，清洗2次后催芽。

（2）温汤浸种：55℃温汤浸种30分钟后，捞出催芽。

4.防控传播媒介。斑萎病毒病的扩散与蓟马尤其是西花蓟马的发生动态密切相关。可在温室悬挂蓝色粘虫板，监控蓟马种群的发生动态，发现后及时防治，阻断传染源。

5.防虫网育苗栽培。高温季节用30目防虫网遮盖苗床，有条件时全棚覆盖或覆盖棚室放风口和入口，杜绝蓟马侵入传播。

6. 接种弱毒系保护。辣椒在2～3叶期用N-14、S52、NS83耐病毒诱导剂弱毒系100倍液接种，既耐病又增产。

7. 药剂防治。病毒病目前尚无理想的治疗药剂，一般用三类阻止剂。

（1）病毒的钝化物质，如豆浆、牛奶等高蛋白物质，清水稀释100～200倍液，喷洒于植株上，可减弱病毒的侵染能力，钝化病毒。

（2）保护物质，可用27%高脂膜乳剂80～100倍液喷雾，在植株上形成一层保护膜，阻止和减弱病毒的侵入，每7～10天喷施1次，共喷2～3次。

（3）发病初期，可喷洒药剂抑制病毒在植株体内的运转和增殖。选择的药剂有5%菌毒清水剂500倍液、2%宁南霉素水剂200～400倍液、4%嘧肽霉素水剂300倍液、40%烯·羟·吗啉胍可溶性粉剂600倍液、20%盐酸吗啉胍·乙酸铜可湿性粉剂500～700倍液、25%琥铜·吗啉胍可湿性粉剂600～800倍液、30%毒氟磷可湿性粉剂500～1000倍液、6%寡糖·链蛋白（阿泰灵）可湿性粉剂1000倍液、1.8%辛菌胺醋酸盐水剂300～400倍液、0.5%香菇多糖水剂300～400倍液、2%氨基寡糖素（壳寡素）水剂1000倍液、0.5%葡聚烯糖可湿性粉剂4000～5000倍液、80%几丁聚糖（甲壳素）水剂6000倍液、0.4%低聚糖素（寡聚糖素）可湿性粉剂600～1200倍液、24%混脂·硫酸铜水乳剂85～125毫升/亩、1.5%烷醇·硫酸铜水剂（植病灵）1000倍液、0.5%菇类蛋白多糖水剂300倍液、0.05%核苷酸水剂500倍液、7.5%菌毒·吗啉胍水剂500倍液、18%腐殖·吗啉胍可湿性粉剂600倍液、31%氮苷·吗啉胍可湿性粉剂800倍液、3.85%三氮唑·铜·锌水乳剂600～800倍液、1.5%硫铜·烷基·烷醇水乳剂1000倍液、25%吗胍·硫酸锌可溶性粉剂500～700倍液、1.05%氮苷·硫酸铜水剂300～500倍液、83增抗剂100倍液、50%氯溴异氰脲酸可溶性粉剂1000倍液等，每隔5～7天喷药1次，连续2～3次。

16　缺钙

辣椒缺钙叶面症状

辣椒缺钙叶背初期症状

辣椒缺钙植株症状

辣椒缺钙初果期叶片症状

辣椒缺钙老叶症状

辣椒缺钙田间症状

辣椒缺钙田间症状

缺钙造成甜椒脐腐病病果

缺钙造成甜椒脐腐病病果

缺钙造成甜椒脐腐病病果

甜椒脐腐病果实剖面

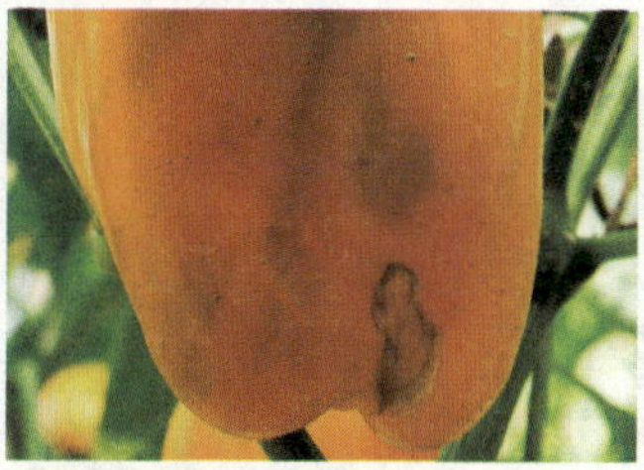

缺钙造成甜椒脐腐病病果

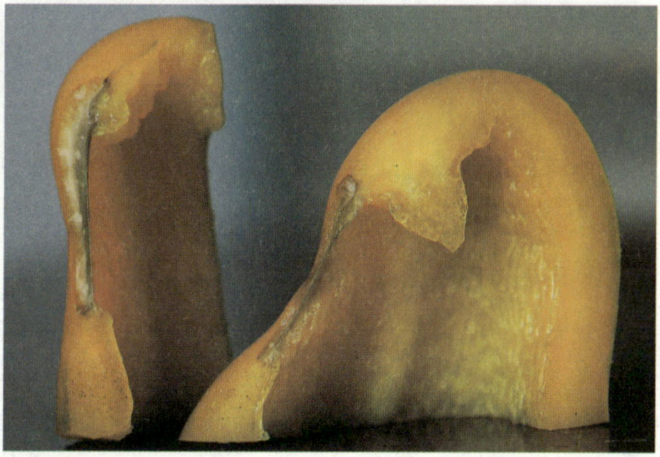

甜椒脐腐病果实剖面

缺钙造成辣椒脐腐病病果

辣椒脐腐病果实剖面

辣椒脐腐病初期症状

辣椒椒脐腐病初期症状

辣椒脐腐病田间症状

症状

缺钙是温室辣椒栽培中经常出现的生理性障碍，叶片和果实均可受害。叶片染病，形成褐斑叶，多发生在植株中下部叶。初期叶面出现不明显的斑块状黄化，从叶背可观察到云纹状的褪绿褐变，随着病情的发展，褐变部扩大甚至坏死；叶片上也可出现大小不等的褐色坏死斑，呈圆形、椭圆形或不规则状，中央灰褐色坏死，边缘呈深褐色至黑色，后期病叶易脱落。果实缺钙，形成脐腐果，果实上出现暗绿色的水渍状斑点，后迅速扩大，呈不规则状，有时可扩大到近半个果实。患病组织皱缩，表面凹陷。严重时内部果肉变黑，但仍较坚实。

成因

缺钙多因土壤含氮量高、含钙量低、土壤盐分过度积累、土壤干湿不均、大量使用钾肥或冲施生鸡粪等原因而导致，在冬季温度低、光照弱、放风量小、蒸腾受阻的条件下容易发生。土壤干旱、连续高温时容易出现大量的脐腐果。干旱条件下供水不足，或忽旱忽湿，根系吸水受阻，果实原有的水分被叶片夺走，导致果实发病。

防治方法

1. 选择不易发生脐腐病的辣椒品种。

2. 培育壮苗，定植后加强管理，促发根系，增强作物吸收功能。

3. 加强棚室温度管理，满足作物生长对温度的需求。加强棚室通风，降低室内湿度，维持植株正常的蒸发蒸腾。

4. 均匀灌溉，小水勤浇，避免土壤过干过湿。深冬低温季节采用膜下暗灌或暗灌。

5. 合理追肥，平衡施肥。在有机肥基施量充足的条件下，钾肥只做追肥使用，避免基施，并适当减少钾肥使用量。棚室内杜绝冲施生鸡粪。避免单纯大量追施氮肥，适量追施硝酸铵钙、硝酸钙等含钙复合肥。发生缺钙的棚室，可在每10立方米灌溉水加入5千克硝酸铵钙，同时灌溉垄间大沟和膜下暗灌沟，连续2～3次，或亩追施硝酸铵钙20千克，连追2～3次，间隔期15～20天。

6. 叶面补钙补硼。进入结果期后可叶喷0.1%～0.3%硝酸钙或0.1%～0.3%硝酸铵钙，同时按0.1%～0.2%加入硼酸或硼砂，硼钙同补，效果更好。一般间隔10～15天，连续喷洒2～5次。

7. 发生缺钙的棚室在下茬作物整地时，亩施生石灰50～100千克，或碳酸钙粉150～200千克，可有效防止缺钙。也可亩施钙镁磷肥50～100千克。

17 畸形果

辣椒畸形花

辣椒畸形花

辣椒弯曲果

辣椒变形果

辣椒弯曲果

辣椒指突果

辣椒畸形果

症状

畸形果又称变形果，是指不同于正常果形的甜椒或辣椒果实，如果实扭曲、皱缩等。横剖可见果实里种子很少或无，有的发育受到严重影响的部位，果皮内侧变成褐色，失去商品价值。低温条件下辣椒或甜椒也容易产生无籽果（未受精的僵果）和指突果。

成因

造成畸形果的原因很多，但主要是以下三个方面：一是受精不完全，辣椒花粉发芽适温为20℃～30℃，高于这个范围，容易产生不正形果；当温度低于13℃时，基本上不能正常受精，出现单性结实，形成僵果。二是肥水不足、光照不良，果实得到的同化养分少或不均匀，也会产生变形果。三是甜椒果实发育首先是纵轴先伸长，然后横向伸长。遇有根系发育不好，地上部和地下部的平衡遭到破坏时，容易出现顶端变尖的变形果实。

防治方法

1. 根据棚室条件和栽培茬口选择适宜品种。深冬茬要选择耐低温弱光照、低温下坐果及膨大性能良好的品种。

2. 加强苗期管理，特别在花芽分化开始以后，要提供适宜辣椒正常生长发育的环境条件并满足其养分、水分需求。加强苗床病虫害防治，培育壮苗。花芽分化开始后，辣椒的夜温要控制在15℃～16℃。

3. 合理调控温室温湿度，加强水、肥、光、气管理，调节营养生长与生殖生长的平衡。辣椒的最低夜温要控制在12℃～15℃。

4. 平衡施肥。增施有机肥，合理配方施肥，适当控制氮肥，增施磷钾肥，适当补充硼、钙肥，协调好营养生长和生殖生长的关系，避免植株旺长。

18　日烧(日灼)

甜椒日烧田间症状

甜椒日烧症状

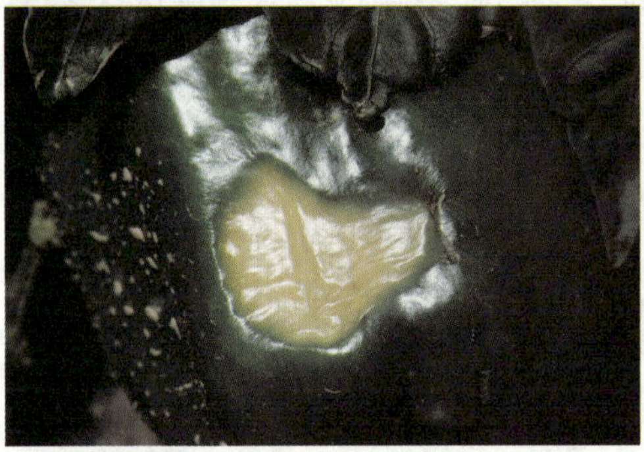

甜椒日烧症状

甜椒日烧症状

辣椒日烧田间症状

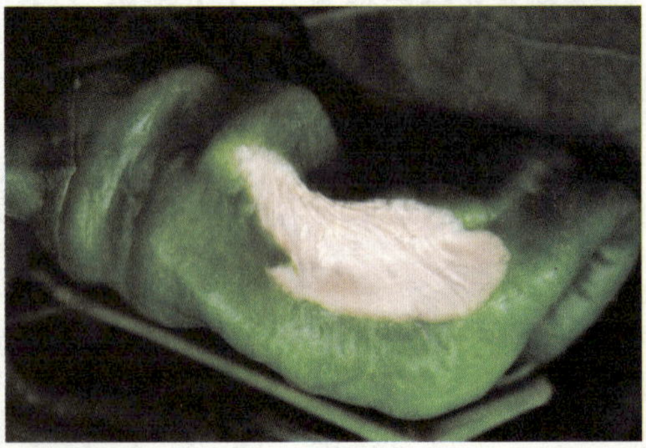

辣椒日烧症状

辣椒日烧症状

辣椒日烧症状

症状和成因

日烧主要发生在果实向阳面上。果实被强烈的阳光照射后，出现白色近圆形小斑，发病初期被太阳晒成灰白色或浅白色革质状，经多日阳光晒烤后，病部表面变薄，组织坏死发硬，后期因腐生菌侵染，长出灰黑色或粉色霉层，甚至软化腐烂。

日灼斑的产生是由于被阳光直射的部位表皮细胞温度增高，导致细胞死亡。有时果实日灼斑发生在果实其他部位，这往往是因果实上有水珠，天气突然放晴，日光分外强烈，果实上水珠如同透镜一样，汇聚阳光导致日灼，这种日灼斑一般较小。

防治方法

1. 根据设施条件和茬口安排选择适宜品种。

2. 合理密植，加强田间管理，保证充足的营养生长。采用双株定植，使叶片互相遮荫，避免果实暴露在阳光下。

3. 适度整枝、打杈、摘叶，果实上方留枝叶遮阴，使果实不受阳光直射。

4. 保护地辣椒在高温季节的中午前后或降雨期间盖棚膜遮避阳光和雨水，可减少发病，有条件的可进行遮阳网覆盖栽培。

5. 加强肥水管理，施用过磷酸钙作底肥，防止土壤干旱，促进植株枝叶繁茂。

6. 防治病虫害。及时防治白粉病、病毒病、炭疽病、细菌性疮痂病、红蜘蛛等病虫害，防止植株受害而早期落叶，以减少日灼果的发生。

19　二氧化碳障碍

土壤高浓度二氧化碳致死秧

土壤二氧化碳障碍致根系死亡

土壤高浓度二氧化碳伤害根系

土壤高浓度二氧化碳致辣椒死秧

棚室高浓度二氧化碳致辣椒死秧田间

高浓度二氧化碳的危害

1.根系生长发育不良。土壤中二氧化碳过度积累导致辣椒根系生长受阻，根系变小，毛根数量减少。辣椒容易出现根部腐烂，导致死秧。

2.叶片黄化、失绿，甚至出现坏死斑。

3.引起植株早衰，下位叶过早老化。

4.容易导致作物缺氮。

成因

二氧化碳是植物光合作用的原料。农作物光合作用最适宜的二氧化碳浓度约为1000毫升/立方米，多数作物的二氧化碳浓度补偿点为40～90毫升/立方米，在高于1500～2000毫升/立方米时会出现生理障碍。大气中二氧化碳的浓度约为350～400毫升/立方米，大大超过补偿点而远离饱和点。密闭的棚室内部，夜间作物光合作用停止，不需要消耗二氧化碳，而此时植物的呼吸、土壤微生物的活动以及有机质腐化分解等都放出二氧化碳，产生的二氧化碳气体就在棚室内积累，浓度渐高。清晨未通风前，棚室内二氧化碳浓度达到最大值。日出或揭帘后，作物开始光合作用且强度逐渐增加，大量消耗二氧化碳，因而二氧化碳浓度急剧下降。通风后棚室内二氧化碳浓度大致与外界维持平衡或略低。棚室内二氧化碳适宜浓度为1000～2000毫升/立方米。人工补充时，一般以1000毫升/立方米为宜。如果揭帘过晚、通风不及时，或人工补充二氧化碳过量，就会对作物造成二氧化碳障碍。

防治方法

棚室内的二氧化碳浓度一般在200～2000毫升/立方米之间，在不额外补充的情况下，一般不易出现危害。

1. 加强温室通风。

2. 适当减少温室有机肥施入量。温室有机肥施入量控制在10立方米/亩以内。避免使用未腐熟的有机肥。

3. 保持土壤疏松透气，不采用全膜覆盖，避免二氧化碳在根际土壤中的过度积累。

4. 秸秆还田时，控制秸秆量在4000千克/亩以内，保证栽培行土层深度30厘米以上，且辣椒幼苗定植宜在秸秆还田30～40天以后进行。

5. 人工补充二氧化碳时，以日出后1～1.5小时、光照增强及温度升高后施用最好，连续施放2～3小时，中午棚室通风前1小时结束，可最大程度地发挥二氧化碳的补施效果。不得在阴雪(雨)天气弱光照时补施二氧化碳。

6. 出现黄化等缺氮症状后，及时补充尿素、碳铵等氮素肥料。

20 肥害

底肥过量辣椒叶面症状

大量施入鸡粪造成辣椒肥害

化肥施入不当造成辣椒肥害

施入过量生鸡粪造成辣椒肥害

未腐熟有机肥烧苗症状

未腐熟有机肥烧苗症状

底肥(过磷酸钙)施入不当

有机肥过量造成辣椒叶片肥害

有机肥过量造成辣椒幼苗根系肥害

过量底肥造成辣椒烧苗死亡

过量底肥造成辣椒烧苗死亡

施入“炕土”和草木灰过量

过量追肥造成辣椒植株肥害

过量追肥造成辣椒植株肥害

症状及成因

盲目施肥、施肥量过大、施入未腐熟的有机肥、施肥不均匀、追肥距作物根系太近等均可导致肥害。设施辣椒肥害主要有四种类型:

1.脱水型肥害。植株表现萎蔫，轻者影响生长发育，重者全株死亡。一次性施用化肥过多，或者在土壤水分不足、施肥后土壤溶液浓度过大时，引起农作物细胞内水分反渗透，造成植株脱水。另外，叶面施肥浓度过大也会烧伤叶片。

2.熏伤型肥害。施用碳酸氢铵、生鸡粪等肥料后容易出现。这类肥料使用后容易产生大量的氨气，对植株造成伤害。

3.烧苗型肥害。基肥施用量过多，常会出现烧苗，缓苗慢，甚至死苗。

4.毒害型肥害。由于施肥不当，植物体内的离子平衡被破坏而引起的生理伤害，如因氮肥施用过量而出现的亚硝酸盐毒害。同时氮素过多会导致缺钙症。

防治方法

1.禁止施入未腐熟的有机肥料。有机肥必须腐熟、砸碎过筛后再施用。基肥要与土壤均匀混合。

2.合理使用化肥。推行测土配方施肥技术，根据土壤养分供应能力和作物需肥规律平衡施肥。追施氮、磷、钾肥比例以10∶2∶5为宜，化肥单次追肥量控制在40千克/亩以内（实物量），避免一次性大量追肥。尽量使用长效缓释肥，拒绝使用含有激素的肥料，禁止冲施生鸡粪，不使用含氯肥料。

3.叶面肥喷施浓度不宜过高，尿素作叶面肥时浓度不应超过0.3%，喷洒湿润即可。

4.增施有机肥料，推广秸秆还田，提高土壤有机质含量。

5.杜绝肥料的干施、撒施和表施。有机肥和速溶性化肥最好随水冲施。穴施法施肥要距作物根系15厘米以上，且要深施并立即覆土，以防止烧苗及肥效损失。

6.发生肥害的温室，要结合膜下暗灌和大沟灌溉大量浇水，淋洗多余肥分，并在一定时期内停止追肥。

7.发生肥害后，可叶面喷施碧护（0.136%赤·吲乙·芸可湿性粉剂）7500～20000倍液、0.01%芸苔素内酯乳油2500～5000倍液或1000～1200倍植物动力2013水剂，7～15天喷施1次，连续2～3次，以促进植株正常生长。

8.轮作。可利用夏季棚室休闲期间种植一茬玉米或绿肥。玉米亩播量10～12千克，株高达到1.2～1.5米时割去茎叶，以消耗残余肥分并带走部分盐分。

21 盐分障碍

辣椒盐分障碍症状

穴盘基质表面的盐分积累

辣椒盐分障碍生长点受害症状

辣椒盐分障碍新叶受害症状

症状及成因

由于环境与栽培管理模式的不同，设施土壤中的盐分、养分和有害物质的累计速度高于大田，部分温室土壤盐分累积量已达到甚至超过了作物的生育障碍临界点，造成盐分为害。不合理的灌溉制度、盐分含量较高的灌溉水、大量不合理的施肥等不适当的人为活动，使原来非盐渍土演变成盐渍土，或使土壤盐渍化加重。辣椒在盐渍化土壤上种植时，会出现定植后缓苗慢、果实畸形、生长受阻甚至死苗等症状，个别离子可直接影响作物生长，或由于离子间的拮抗作用而导致缺素症状。

有时盐分障碍的表现和肥害的症状十分相似，要根据立地条件和灌溉施肥情况逐一甄别。

防治方法

1. 增强抗性：选用抗病、耐盐的品种及实行嫁接换根栽培。

2. 揭膜淋溶休闲：夏季揭去棚膜，进行休田或种植荞麦、玉米、豆类等绿肥作物，或充分曝晒温室土壤，雨水自然淋洗，可有效降低土壤中的盐分含量。

3. 灌溉洗盐：换茬休闲时，在温室内灌满淡水，形成10～15厘米深的积水，淋洗盐分及有害物质。

4. 合理使用化肥。推行测土配方施肥技术，根据土壤养分供应能力和作物需肥规律平衡施肥。追施氮、磷、钾肥的比例以10:2:5为宜，化肥单次追肥量控制在40千克/亩以内（实物量），避免一次性大量追肥。尽量使用长效缓释肥，拒绝使用含有激素的肥料，禁止冲施生鸡粪，不使用含氯肥料。

5. 采用地膜覆盖高垄栽培膜下暗灌技术，尽量使用优质水源，灌溉水电导率要低于1.0毫西/厘米；推广使用滴灌等节水灌溉技术；根据作物需水规律合理灌溉，既可满足作物需水，又能避免盐分积累。

6. 发生盐分障碍的温室，在温度允许的条件下要结合膜下暗灌和大沟灌溉大量浇水，淋洗多余的盐分。

7. 盐碱较重的棚室改地膜覆盖高垄栽培模式为平做或沟栽，可减轻盐碱为害。

8. 轮作。可利用夏季棚室休闲期间种植一茬玉米，玉米亩播量10～12千克，播后45～50天株高达到1.2～1.5米时割去茎叶，可带走部分盐分。

9. 棚室辣椒发生盐分为害时，可叶面喷施碧护（0.136%赤·吲乙·芸可湿性粉剂）7500～20000倍液、0.01%芸苔素内酯乳油2500～5000倍液或1000～1200倍植物动力2013水剂，以缓解盐分障碍。一般10～15天喷施1次，连续2～3次。

22 低温障碍

低温致定植苗缓苗慢、落叶

低温造成辣椒新叶向上卷曲

低温造成甜椒僵果

低温造成辣椒新叶黄化失绿

低温下辣椒新叶黄化或不开花

低温造成甜椒畸形果

低温造成辣椒落花

低温造成辣椒僵果

低温造成辣椒畸形果

不能受精形成“无籽果”

辣椒植株受冻状

温室辣椒结果期冻害

辣椒果实冻害

辣椒秧苗冻害状

辣椒植株冻害状

辣椒秧苗冻害状

症状

设施蔬菜种植低温障碍是由低温引起的一类常见生理病害，分为冷害、冻害两种。冷害是指温度在0℃以上，引起农作物的生育期延迟，或使生殖器官的生理机能受到损害，造成农业减产的气象灾害。当温度低于0℃以下，蔬菜的细胞间水分结冰，致使细胞破裂死亡引起的伤害称为冻害。

辣椒在育苗期，或提早、或延后栽培过程中，经常会遇到低温冷害和冻害侵袭。在冷害临界温度以下，环境温度越低，延续时间越长，植株受害越重。短时间的0℃以下低温冻害尚可恢复，而长时间处于0℃以下时作物即被冻死。

1. 常见的冷害表现：辣椒植株生长发育延迟，根系吸收功能迅速降低。辣椒花器异常发育，授粉受精异常，形成畸形花和畸形果；落花落果；果实膨大、成熟速度减缓，果实着色不良。辣椒种子发芽率降低，胚轴不能正常伸长而导致"烂种"、"窝芽"。生长点生长受阻，定植后缓苗慢、甚至死苗，原有叶片失绿、黄化、干枯、脱落。

2. 常见的冻害表现：辣椒植株遇有0℃低温时出现冻害症状，叶尖和叶片出现水渍状斑块，叶组织变成褐色或深褐色，后呈青枯状，天气突然放晴后叶片干枯。幼苗的生长点或子叶节以上的3～4片真叶受冻，叶片萎垂或枯死。果实在田间或运输及贮存过程中，遇有冰点以下温度，常常受冻，温度回升至冰点以上，症状才开始显现，初呈水浸状、软化、果皮失水皱缩，果面现凹陷斑，持续一段时间后出现腐烂。

成因

一是播种定植过早或反季节栽培时，气温过低或遇有寒流及寒潮侵袭。二是生产上经常遇到，虽在同一次寒流袭击下，但幼苗或成株受冻情况差别很大，这与品种、播期、施肥、覆盖物、放风、浇水、地理位置、地势等多种因子有关。三是在冷害临界温度以下，温度越低、持续时间越长，受害越重。

防治方法

1. 根据设施性能和保温条件，合理选择作物与品种，确定适宜茬口。

2. 新建温室和大棚要根据立地条件选择设计合理、性能优良的结构，建造要规范，保证温室后屋面和外墙厚度，从根本上取得最佳的预防效果。

3. 选择使用优质塑料薄膜和御寒防雪覆盖物。深冬茬栽培要选用厚度0.01毫米以上透光良好的棚膜，尽量选用EVA（醋酸乙烯）棚膜和PO棚膜；草帘厚度要在5厘米以上，最好是双层覆盖，且在温室前沿外侧横立一排草帘保温；冬季温室夜间加盖防雪防寒膜；有条件的可在室内增加小拱棚等多层覆盖。

4. 采用地膜覆盖高垄栽培膜下暗灌技术，推广使用滴灌等节水灌溉技术；大沟覆草，保温降湿；加强管理，尽量使室内多见光、多蓄热。

5. 时刻注意天气预报，在极端天气过程来临之前准备好补充加温和保温设施。遇到极端低温天气时，可在室内临时增加多层覆盖，室内悬挂碘钨灯和白炽灯、生火炉或热风炉、点蜡烛。

6. 低温锻炼。实行大温差育苗；育苗期内要把温度控制在正常适温的下限，严防秧苗徒长；定植前低温炼苗，定植后要重视培育健壮植株。

7. 冬天遇到阴雪或大幅度的降温天气应及时喷洒27%的高脂膜乳剂80～100倍液，一般每周喷洒1次。

8. 在极端天气过程来临时，夜间室内燃放大棚增温燃料块，一般每亩地一次需燃料块4～6块，增温效果良好，可避免寒流期间冻害的发生。用35℃左右的热水灌溉暗沟也是一种有效的增温方式。

9. 解救措施。根系受害后，首先应设法提高土壤温度，降低土壤湿度，适当疏叶，摘除花果。持续低温过程结束后，要让植株逐渐见光，缓慢升温，逐渐通风，中午适当遮荫，以防“闪秧”。也可叶面喷施碧护（0.136%赤·吲乙·芸可湿性粉剂）7500～20000倍液、0.01%芸苔素内酯乳油2500～5000倍液、1000～1200倍植物动力2013水剂等，7～15天喷施1次，连续2～3次，以促进植株正常生长。

10. 若冻害严重，植株枯死，应等待天气好转后及时补栽或复栽。

23　菟丝子

菟丝子

菟丝子花

菟丝子为害辣椒幼苗症状

菟丝子为害辣椒植株

为害特点及症状识别

为害辣椒的菟丝子为中国菟丝子，属旋花科菟丝子属，是一种检疫性有害生物，主要为害辣椒地上部分。受害植株上缠绕着许多金黄色细丝状无叶茎，吸取营养和水分，并随其茎伸长和不断分枝形成吸根而向四周不断扩大蔓延，被缠绕的植株茎变细或弯曲，植株低矮弱小，叶片小而黄，生长衰弱不能开花或花而不实。严重时整株布满菟丝子，引起全株死亡甚至成片枯死。

为害特点和传播途径

菟丝子属全寄生缠绕的草本种子植物。无根，叶片退化为鳞片状，茎黄色、纤细。花序侧生，少花或多花簇生成小伞形或小团伞花序。蒴果球形，直径约3毫米，几乎全为宿存的花冠所包围，成熟时整齐地周裂。菟丝子的种子外壳坚硬，在土壤内可存活1～3年。每年4～6月份在土内受到寄主植物分泌物刺激时即开始萌发，长出6～10厘米长的浅黄色幼茎，幼茎与寄主的茎接触后产生吸器，附着在寄主表面吸收营养。一旦与寄主建立寄生关系后，吸根下边的茎就逐渐萎缩并与土壤分离，缠绕于寄主上部茎蔓不断繁殖和伸展，向四周蔓延为害。若没有缠绕在寄主植株上，过7～10天便枯死。菟丝子喜高温湿润气候，对土壤要求不严，适应性较强，常见寄生于路边、地边的豆科、菊科、蔷薇科等植物上。远距离传播，主要随种子的调运而传播。近距离传播，主要随种子、厩肥、农具、人类活动等传播为害。温室里主要混杂于粪肥、育苗土或基质中，也可随流经发生区水渠的灌溉水传入造成为害。近年由于一些地区种植菟丝子，致使其发生范围扩大，对辣椒生产构成一定的威胁。

防治方法

1. 加强植物检疫。菟丝子是重要的检疫性有害生物，可随蔬菜种子调运进行远距离传播。因此，调运和购买菜种时要严格检查，严禁使用有菟丝子混杂的菜种。育种时应选用无病地繁育菜种。

2. 粪肥处理。厩肥须经高温发酵处理，使菟丝子种子失去发芽力或沤烂。

3. 人工清除。初见菟丝子缠绕蔬菜植株时，立即将其摘除干净，并深埋。菟丝子发生普遍的地方，应在种子未成熟前彻底拔除，以免成熟种子落地，增加翌年侵染源。

4. 生物防治。选择阴天的早晚，喷洒鲁保1号高浓缩孢子吸附粉剂（盘长孢菌生物制剂），隔7天1次，连续防治2～3次。本剂的杀草机理是使菟丝子发生真菌病害而枯死，此菌不感染蔬菜，对作物安全。

24 蚜虫

辣椒叶背蚜虫为害

无翅蚜

辣椒叶背蚜虫群居为害

蚜虫为害引起辣椒煤污病

为害特点

蚜虫是危害温室辣椒的重要害虫之一。主要以成虫、若虫群集在叶背、嫩茎和花蕾上刺吸植物汁液。辣椒幼叶被害时常卷曲皱缩，重者叶片卷缩、变形、枯萎；顶芽受害时植株发育明显迟缓。蚜虫为害时还排出大量的蜜露污染叶片和果实，引起煤污病发生，影响光合作用和呼吸功能，同时也影响蔬菜品质。蚜虫还可传播多种病毒病，造成更大的危害。

防治方法

1. 选用抗虫品种。

2. 清理棚室。冬前清除棚室植物残体和杂草，深翻晾晒，灌足底水恶化其越冬环境。铲除棚内及周边的杂草。作物拉秧后及时清除残枝败叶，压低虫口基数。

3. 防蚜避蚜。育苗棚及生产棚的放风口和入口覆盖30目的防虫网，防止蚜虫进入；棚室周围悬挂灰色飘带，用银灰地膜覆盖驱避蚜虫、减轻为害。

4. 黄板诱蚜。温室每间悬挂1～2片黄色诱虫板，诱虫板下端高出秧头15～20厘米，可诱杀有翅蚜。

5. 棚室管理。合理稀植，平衡施肥，加强肥水管理，提高植株抗虫能力。结合整枝吊蔓，及时摘除下部老叶、虫叶。

6. 使用糖化硼肥片或噻虫嗪颗粒剂防治。定植时在定植穴底部放入一片糖化硼肥片，可有效预防蚜虫侵害，并兼防白粉虱和蓟马。另外定植前在垄上撒施或在定植穴穴施5%噻虫嗪颗粒剂（杰钻）每亩2～4千克，药、土比例为1∶5，可有效防治蚜虫、蓟马、粉虱等，一般持效期可长达60～80天。

7. 药剂防治。点片发生阶段及时用药是关键。由于蚜虫繁殖速度快，所以一次用药很难控制，须连续防治2～3次方可奏效。初发时可选用20%啶虫咪乳油2000倍液、10%烯啶虫胺水剂3000～5000倍液、240克/升螺虫乙酯悬浮剂4000～5000倍液、10%氟啶虫酰胺水分散粒剂3000～4000倍液、10%溴氰虫酰胺可分散油悬浮剂3000～4000倍液、2.5%高渗吡虫啉乳油1500倍液、1%苦参碱水剂1000倍液、25%噻虫嗪水分散剂7500倍液、10%氯氰菊酯乳油2000倍液、25%吡蚜酮可湿性粉剂2000～3000倍液、0.5%藜芦碱可湿性粉剂2000～3000倍液或10%烟碱乳油500～1000倍液挑治。重发生时可选用复配制剂，如3.5%氟腈·溴乳油1000倍液、25%吡·辛乳油1500倍液、5%吡·氯乳油1500倍液或1.1%百部·楝·烟乳油1000倍液。防治时在药液中加入0.1%无酶洗衣粉、中性肥皂水或农药增效剂，如固润等，能增加农药的展着性和渗透性，提高防治效果。结合喷雾每亩可用22%敌敌畏烟剂500克或10%异丙威烟剂300克熏蒸，对有翅蚜防治效果更好。

8. 生物防治。保护和利用天敌，发挥自然控制作用。常见蚜虫的天敌有七星瓢虫、十三星瓢虫、食蚜蝇、草蛉和食蚜瘿蚊等。

25 温室粉虱

温室白粉虱成虫

温室白粉虱若虫

温室白粉虱群聚为害状

温室白粉虱为害辣椒植株

为害特点

辣椒上的粉虱主要以烟粉虱和温室白粉虱为主。粉虱的成虫和若虫大量群聚叶背，通过刺吸式口器吸食植物汁液，使受害作物叶片褪绿、变黄、萎蔫。群聚为害时还能分泌大量的蜜露，除污染叶片和果实外，其上滋生的杂菌往往会引发煤污病的大发生，不仅导致减产，降低产品商品性，还会造成植株长势衰弱甚至全株枯死。烟粉虱除了为害和引起煤污病外还是许多病毒病的重要传播媒介。

烟粉虱和温室白粉虱的区别：一是烟粉虱体形偏瘦小，体长0.85～0.91毫米，而温室白粉虱0.99～1.06毫米，略大于烟粉虱；烟粉虱静止时双翅合拢呈屋脊状，温室白粉虱合拢较平坦。二是烟粉虱的蛹为淡绿色或黄色，温室白粉虱的蛹为白色至淡绿色。三是烟粉虱的成虫有明显的趋嫩性，成虫主要在植株顶部嫩尖处为害，随着植株的生长逐渐由下部向上部叶片移动。成虫产卵于叶背，卵为长梨型，成虫还有背光性，主要活动在叶背。烟粉虱在植株上形成垂直分布，上部为成虫，中下部为卵、若虫和蛹。四是寄主范围不同。烟粉虱是一种寄主范围非常广泛的世界性害虫，寄主包括74科420多种植物。除为害十字花科、茄科、葫芦科蔬菜外，还可为害玉米、棉花、花卉、豆科作物等。温室白粉虱的寄主范围主要是十字花科、茄科、葫芦科蔬菜。五是适应能力不同。烟粉虱可忍耐40℃高温，而温室白粉虱一般只耐受33℃～35℃环境温度，这也是烟粉虱在夏季依然猖獗的主要原因。

粉虱食性杂，繁殖速度快，世代多而重叠，生活周期短，产卵量大，一年可发生10代以上；其体表被蜡质，耐药性强，对常规农药易产生抗性；大多数成虫生活在叶片背面且迁移性强，易于逃脱农药毒害。这些特点均给粉虱的防治工作带来很大的难度，所以必须采用包括农业防治、物理防治、生物防治和化学防治在内的综合措施对其进行综合治理。

防治方法

1. 清洁田园。温室在育苗、定植前要彻底清除前茬作物的残株、杂草，带出室外集中销毁或深埋，并熏杀或喷杀残余成虫，力争做到室内清洁。

2. 合理调整作物布局结构。棚室附近尽量避免种植黄瓜、番茄、茄子、菜豆等粉虱发生严重的蔬菜，提倡种植粉虱不喜食的十字花科作物，减少虫源。

3. 及时摘除虫叶、老叶，带出室外深埋或销毁，减少室内粉虱种群数量。

4. 覆盖防虫网。育苗棚覆盖30目防虫网阻隔外来虫源。温室的通风口、门窗等处也要张挂防虫网。条件允许时应把育苗棚室和栽培棚室分开。

5. 黄板诱杀。生产棚可张挂黄板诱杀成虫，一般每间1～2片。育苗棚除加盖防虫网外，播后可张挂诱虫板监控虫情，同时也可起到诱杀作用。

6. 使用糖化硼肥片或噻虫嗪颗粒剂防治。定植时在定植穴底部放入一片糖化硼肥片，可有效预防粉虱为害，并兼防蚜虫和蓟马。另外定植前在垄上撒施或在定植穴穴施5%噻虫嗪颗粒剂（杰钻）每亩2～4千克，药、土比例为1:5，可有效防治粉虱，一般持效期可长达60～80天。

7. 药剂防治。依据粉虱生物学特性，在化学防治上把握好若虫羽化期的点片发生阶段(每株有成虫2～3头)及时用药，将其消灭在幼龄期。喷雾防治应选择在清晨气温稍低粉虱停歇、活动能力弱时进行，傍晚施药会增加棚室湿度，对控制病害不利。喷药时应从下到上，先喷叶反面，这样成虫会因受惊吓而在飞动过程中受药，提高防效。首选药剂为25%噻虫嗪水分散粒剂7500倍液，10%噻嗪酮乳油1000倍液对粉虱很有效，25%喹菌酮乳油1000倍液对粉虱成虫、卵和若虫皆有效；2.5%联苯菊酯乳油3000倍液可杀成虫、若虫、假蛹，但对卵的效果不明显；另可选用0.3%印楝素乳油1000倍液、10%吡虫啉可湿性粉剂1000倍液、5%啶虫脒乳油1000倍液、10%烯啶虫胺水剂1500倍液、1%甲维盐乳油2000倍液、20%甲氰菊酯乳油2000倍液、10%噻虫胺水分散粒剂3000倍液或10%吡丙·醚乳油2000倍液喷雾。大发生时可采用熏蒸法，每亩可选用22%敌敌畏烟剂500克或10%异丙威烟剂200克。喷雾与熏蒸结合效果更好。冬季熏蒸时要适时提早关风口、放草帘，适当提高棚室温度以提高熏杀效果。

8. 生物防治。丽蚜小蜂、中华草蛉是粉虱的有效天敌。在温室栽培中，辣椒定植后挂诱虫黄板，发现成虫后，立即挂丽蚜小蜂蜂卡。当每株植物有白粉虱0.5～1头时，每株放蜂3～5头，隔10天左右放1次，连续3～4次，使寄生蜂建立种群可基本控制粉虱为害。蜂卡应均匀布放于温室内，挂在植株中上部。另外，中华草蛉及一些捕食螨，如胡瓜钝绥螨、斯氏钝绥螨等，对温室粉虱也有很好的控制作用。

26 斑潜蝇

斑潜蝇成虫

斑潜蝇蛹

辣椒叶面斑潜蝇幼虫为害状

斑潜蝇幼虫为害辣椒幼苗

为害特点

斑潜蝇成虫刺破叶片表皮吮吸汁液、产卵，形成白色点状枯死斑；幼虫在叶肉中蛀食叶肉，形成白色不规则蛇形虫道，虫道中留有黑色细线状粪便。为害严重时整个叶片潜痕密布，几乎无绿色可见，造成叶片大面积枯死、脱落。幼虫在幼苗期除为害子叶、心叶外，还可蛀入幼茎，致顶芽枯死，幼苗倒折、枯萎，严重时可造成毁苗。

防治方法

1. 作物拉秧后及时清除残枝虫叶、杂草，深翻晒田，精细整地。铲除棚室四周杂草，压低虫口基数。

2. 夏季可在休棚期选高温时段密闭棚室10天以上，通过高温闷棚消灭棚内残存的蛹。也可在定植前结合整地用50%辛硫磷乳油1～1.5千克/亩或5%辛硫磷颗粒剂3～5千克/亩进行土壤处理。

3. 培育、使用无虫苗。育苗棚及生产棚的风口、门窗处要覆盖或张挂30目防虫网，阻隔害虫进入为害。

4. 合理稀植，加强肥水管理，结合整枝吊蔓，及时摘除虫叶并带出棚外销毁。

5. 斑潜蝇喜食豆类蔬菜，可在瓜类和茄果类棚室后排栽植豇豆或菜豆，前沿种植矮生豆类1～2行，诱其产卵，然后集中喷药防治，可减轻对主栽作物的危害。

6. 育苗及生产棚可张挂黄色诱虫板诱杀成虫。黄板下端距秧头15～20厘米，由东到西呈"之"字型排列，诱杀成虫。

7. 药剂防治。防治斑潜蝇幼虫宜在其低龄期，每叶有幼虫5头、多数叶片虫道在2厘米以下时及时施药，重点喷植株中下部叶片。可选药剂有1.8%阿维菌素乳油3000倍液、75%灭蝇胺可湿性粉剂5000倍液、11%阿维·灭蝇悬浮剂3000～4000倍液、5%阿维·高氯乳油2000～3000倍液、25%灭幼脲悬浮剂1000倍液或2%甲维盐乳油3000倍液。老熟幼虫落地化蛹初期，地面喷洒80%敌百虫可湿性粉剂800倍液。成虫盛发期可选用1.8%阿维菌素乳油3000倍液、10%甲氰菊酯乳油1000～1500倍液或10%吡虫啉可湿性粉剂1000倍液喷雾。也可用22%敌敌畏烟剂或10%氰戊菊酯烟剂每亩500克熏烟。

8. 生物防治。释放姬小蜂、反颚茧蜂、潜蝇茧蜂等寄生蜂，对斑潜蝇寄生率较高，可遏制斑潜蝇的危害。

27 蓟马

蓟马成虫

蓟马若虫

蓟马为害辣椒花器

蓟马成虫为害辣椒花瓣

蓟马为害辣椒花器

蓟马为害辣椒茎秆

蓟马为害辣椒花器

辣椒幼果受害状

受蓟马为害辣椒植株状

蓟马为害辣椒生长点

甜椒果实受害症状

辣椒果实受害状

为害特点

蓟马成虫个体细小，繁殖快，移动性强，具有趋嫩，畏强光的特性，白天多隐蔽在叶背、生长点花内为害，早晨、傍晚、阴雨天及夜间在叶面活动。卵产于植物的叶片、果实的表皮下，初孵幼虫很小，肉眼很难发现。成虫、若虫聚集在辣椒嫩叶、嫩茎、顶芽、花器和果实上锉吸营养，使植株生长发育受抑，重者枯萎，对产量和品质影响较大。一般先是从叶片上靠近主、侧脉处开始为害，留下灰白、黄白色的疤痕，其间夹杂着由枯死刚毛和蓟马粪便组成的黑色小点。顶芽受害后，叶脉扭曲，叶片皱缩，丛生，形成无头苗或多头苗；花瓣、花萼、花柄均可受害致畸形。果实受害后果皮粗糙，受害斑呈线状、片状或网纹状，果实畸形，变硬、变小，严重时整个果面表皮皴裂。

防治方法

1.加强检疫，防止人为引入、传播西花蓟马。引进种苗及产品时需事先申报，经植物检疫部门批准后方可调入，严禁私自从疫区调入种苗及植物产品。

2.作物拉秧后应及时清除残枝虫叶、杂草，运出棚外集中深埋或销毁处理，不可随意堆放，防止蓟马转移为害。铲除棚室四周杂草，深翻晒田，精细整地，压低棚内外虫口基数。

3.培育、使用无虫苗。育苗棚和生产棚要分开。育苗时若发现有蓟马为害，定植前须用药剂处理1～2次，间隔5～7天。

4.蓟马有98%的若虫入土化蛹，因此可以采用高温土壤消毒的方法杀灭残留蓟马，可延缓、减轻下茬蔬菜上蓟马的为害。夏季休闲期，将棚室升至50℃左右，保持10～15天，残存的若虫会因高温或缺乏食物而饿死。或每亩用22%敌敌畏烟剂500克熏蒸，铲除棚内虫源。

5.色板诱杀。蓝色和黄色对蓟马有明显的吸引作用，每生产间挂1～2块蓝色或黄色粘虫板，可诱杀蓟马成虫。

6.使用糖化硼肥片或噻虫嗪颗粒剂防治。定植时在定植穴底部放入一片糖化硼肥片，可有效预防蓟马为害，并兼防粉虱和蚜虫。另外定植前在垄上撒施或在定植穴穴施5%噻虫嗪颗粒剂(杰钻)每亩2～4千克,药、土比例为1:5,可有效防治蓟马,一般持效期可长达60～80天。

7. 高效、低毒及低残留药剂防治。药剂防治是控制蓟马的有效措施。在蓟马发生初期,须做到勤查、早防。当虫口达到3～5头/株时即开展全面防治,不可延误。喷药时间选择花前或傍晚闭棚前,因为蓟马具有趋花性,因而花前用药效果好,等到大量开花期蓟马躲到花里面,防治效果差;另外蓟马有落地化蛹的特点,要特别注意喷洒地面。用噻虫嗪和多杀菌素混合使用,对蓟马有较好防效。也可选择喷施10%吡虫啉可湿性粉剂1000倍液、6%乙基多杀菌素悬浮剂5000倍液、25%噻虫嗪水分散粒剂5000倍液、1.8%阿维菌素乳油4000倍液、5%啶虫脒乳油1000倍液、2%甲维盐乳油3000倍液、0.5%楝素杀虫乳油1500倍液、0.3%苦参碱乳油1000倍液、22%氟啶虫胺腈悬浮剂4000倍液或10%甲氰菊酯乳油1000～1500倍液进行防治,每隔5～7天1次,重点喷施花、嫩叶和幼果等幼嫩组织,连喷3次可获得良好防治效果。

8. 成虫盛发期可每亩用22%敌敌畏烟剂500克或10%异丙威烟剂250～300克薰蒸。也可结合防病,将80%敌敌畏乳油(300毫升/亩)加入防病烟剂中进行薰蒸。薰蒸时可适当提早关风、放帘,棚温在22℃以上能更好地发挥药效。

28 叶螨(红蜘蛛)

成螨、若螨及卵

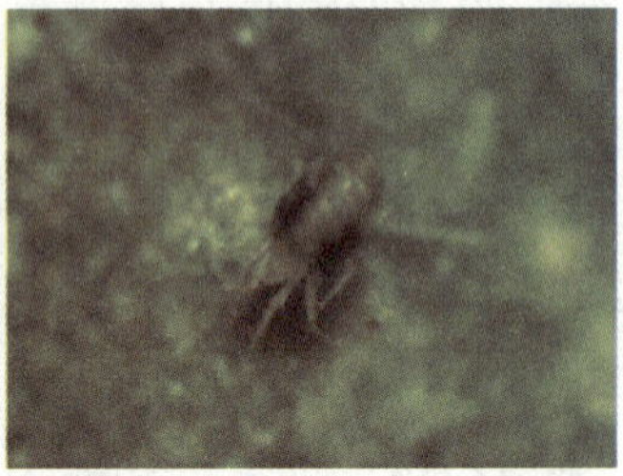

雌成螨

叶螨为害辣椒叶片

叶螨聚集状

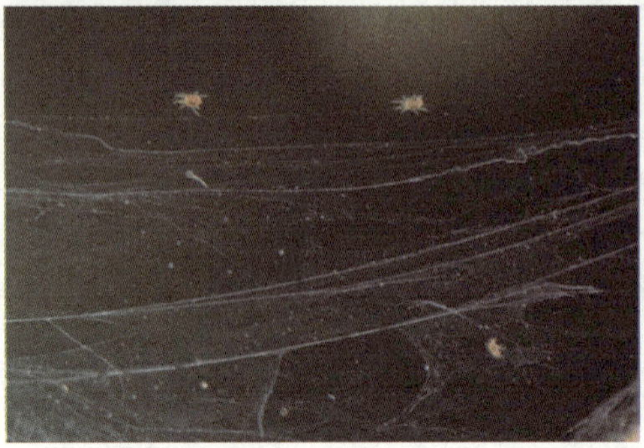

叶螨结网爬行扩散

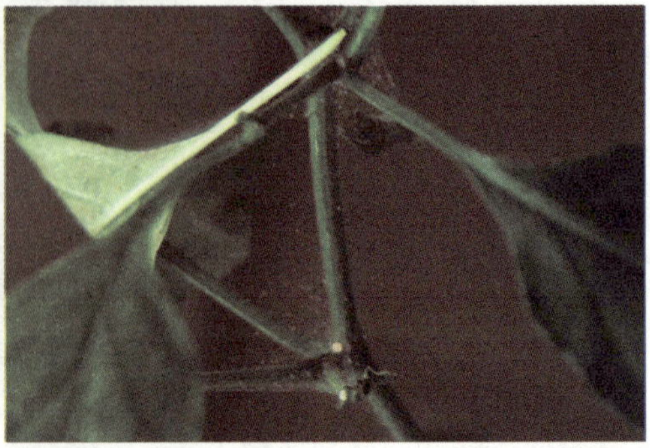

叶螨结网为害辣椒茎秆

叶螨为害辣椒田间症状

叶螨为害辣椒后期症状

为害特点

叶螨俗称红蜘蛛，属蛛形纲蜱螨亚纲真螨总目叶螨总科，是一类重要的农业有害生物，也是举世公认的难以防治的有害生物。辣椒上成螨、幼螨和若螨以刺吸式口器刺入叶背吮吸营养汁液，并结丝网，为害初期被害叶片上出现许多细小的失绿白点，后变为灰绿色、黄白色或黄褐色，抑制光合作用，严重时整个叶片大面积失绿、卷曲、枯黄脱落，植株早衰枯死。叶螨通常先为害下部叶片，逐渐向上蔓延。除为害叶片外，也可为害果实。果受害后原有的颜色消失，逐渐变为深黄褐色，尤其在果实的端部更为明显。果皮变粗，呈灰白色。为害严重时果实表面变硬，龟裂。虫口密度大时，叶螨在叶片及植株间结网严重，顺网爬行扩散。

辣椒上还有一种重要害螨称茶黄螨(侧多食跗线螨)。以成螨和幼螨聚集在辣椒幼嫩部分刺吸汁液，尤其是尚未展开的芽、叶和花器。成螨活泼，尤其是雄螨，当取食部位变老时，立即向新的幼嫩部位转移。由于这种强烈的趋嫩性，所以有“嫩叶螨”之称。通常被害叶片增厚缰直，背面呈灰褐或黄褐色，油渍状；叶片正面叶色变浓，叶脉扭曲，叶片边缘向下卷曲，叶片变小变窄；受害嫩茎、嫩枝变黄褐色，扭曲畸形，严重者植株顶部干枯；受害的幼蕾和花，重者不能开花和坐果；果实受害，果柄、果皮变为黄褐色，失去光泽，木栓化。受害严重时引起落叶、落花、落果，造成大幅度减产。

防治方法

1. 作物拉秧后应及时清除残枝虫叶、杂草，带出棚外集中深埋或销毁处理，不可随意堆放，防止叶螨转移为害。铲除棚室四周的杂草，深翻晒田，精细整地，压低棚内外虫口基数。

2.加强田间管理。培育壮苗壮秧，适当增加通风透光量，防止徒长、疯长，有效降低田间空气相对湿度，从生态上打破叶螨发生的气候条件，减轻为害程度；合理稀植，平衡施肥，适时、适量灌水，防止徒长；深冬季节温室北墙张挂反光膜，改善温室光照条件；结合整枝吊蔓，及时摘除下部老叶、病虫叶。

3.熏杀消灭棚内虫源。定植前棚室用22%敌敌畏烟剂500克/亩，或20%异丙威烟剂250～300克/亩，熏杀残存的叶螨。熏烟对成虫外的其他虫态基本无效，可在熏烟后结合喷施22.4%螺虫乙酯悬浮剂2500倍液，杀灭若虫和卵。

4.加强育苗棚管理，培育、使用无虫苗。发现有叶螨为害时应及时防治，并在定植前用杀螨剂防治2次，间隔5～7天，避免带虫定植。

5.药剂防治。做好虫情监测、预防，及时用药。秋季定植后和春季棚温升高两个时段有利于害螨繁殖扩散，要及时摘除受害较重的叶片并进行挑治，将虫害控制在点片发生阶段。可选药剂有24%螺螨酯悬浮剂5000倍液、15%哒螨灵乳油2500倍液、15%哒·四螨可湿性粉剂800倍液、5%噻螨酮乳油2000～3000倍液、25%苯丁锡可湿性粉剂1500～2000倍液、43%联苯肼酯悬浮剂2500倍液、10%联苯菊酯乳油6000倍液、1.8%阿维菌素乳油4000倍液、1.5%甲氨基阿维菌素苯甲酸盐乳油2500倍液、0.5%藜芦碱可湿性粉剂1000～2000倍液、14%浏阳霉素乳油1000～1500倍液、10%烟碱乳油800～1000倍液、0.3%印楝素乳油1000倍液或3%苦参碱水剂800～1000倍液。喷施的重点是上部叶片，尤其是嫩叶背面、嫩茎、花器和幼果上。一般间隔5～7天，连续用药2～3次。

29 烟青虫

烟青虫幼虫

烟青虫幼虫为害辣椒叶片

烟青虫幼虫为害辣椒叶片

烟青虫幼虫为害辣椒叶片

烟青虫幼虫为害辣椒叶片

烟青虫幼虫为害辣椒叶片

为害特点

烟青虫是辣椒种植生产中的重要害虫，以幼虫蚕食幼蕾、花、果为主，也侵害嫩茎、幼叶和幼芽，常使嫩茎折断。幼蕾受害时，萼片张开，然后变成黄绿色，2～3天后脱落；幼果常先被蛀食吃空或引起腐烂而脱落；成熟的果实因被蛀食果内的部分果肉，造成雨水、病菌进入而引起腐烂脱落，严重影响产量。

发生特点和习性

烟青虫和棉铃虫是夜蛾科的两个近缘种，常混合发生。烟青虫幼虫多为害辣椒，而棉铃虫幼虫多为害番茄。烟青虫在西北年发生3～4代，以蛹在菜地的表土中越冬。越冬代成虫5月下旬至6月羽化，幼虫主要为害小麦、豆类和杂草。第一代成虫在7月大量羽化，7—9月三个月为虫害高峰期，10月入土化蛹。幼虫白天怕光潜伏，夜间活动为害，有假死性和自残性，8月中旬大棚辣椒坐果盛期，时值烟青虫第2代幼虫为害期。烟青虫成虫白天多在辣椒或杂草丛中栖息，晚上和阴天活动，有趋光性，对杨树、柳树的枯萎枝叶和糖醋液有正趋性，成虫产卵前必须吸取花蜜补充营养，喜食丝瓜、南瓜的花蜜。成虫产卵多集中在夜晚9时至次日1时，以夜晚11时最盛行。前期成虫的卵多产在寄主植物中、上部叶片的正、反面叶脉处，后期多产在辣椒的果实、萼片或花瓣上。一般情况下，卵多散于辣椒嫩叶正面、花蕾、果柄和枝条上，卵初产时为乳白色，后渐变黄，当卵顶部出现黑突时标志卵即将孵化，大部分卵在晚上7—8时和上午6—9时孵化。烟青虫卵的孵化和幼虫发育需要足够的湿度，一般相对湿度在70%～90%时较有利。成虫在补充营养阶段，若有较多开花植物，特别是丝瓜和南瓜，可供取食花蜜，则产卵量明显增加，危害加重。烟青虫适温范围广，一般25℃～28℃、相对湿度75%有利于其发生。

防治方法

1. 耕作灭蛹。冬耕及春耕均可以消灭大量越冬蛹，压低越冬虫源基数。尤其秋耕翻地消灭部分越冬蛹，且能阻止成虫羽化出土，使其窒息。

2.栽培防治。可在辣椒棚与棚之间种植1行烟草或玉米，诱使烟青虫在烟草或玉米上集中产卵，喷药消灭。及时摘除虫果，消灭卵粒和幼虫。采用平衡施肥技术，增施磷钾肥，配施微量元素肥料，喷施叶面肥，避免过量施用氮肥造成徒长，增强辣椒抗病能力，也可有效减轻虫害的发生。

3.生物防治。成虫产卵高峰后3～4天，喷洒Bt乳剂、HD-1苏云金杆菌制剂、核型多角体病毒或25%灭幼脲悬浮剂600倍液，连续喷洒两次，防治效果最佳。棉铃虫的天敌有姬蜂、跳小蜂、胡蜂、螳螂及多种鸟类等。螳螂以食虫为主，它的食虫范围很广，可捕食烟青虫、棉铃虫、棉小造桥虫等鳞翅目昆虫的成虫和幼虫，在蔬菜生产中应注意保护利用。

4.物理防治。用黑光灯、杨柳枝把、性诱剂等诱杀。将半枯萎的杨柳枝、榆树枝剪成0.7～1米长，每10枝捆成一束，基部一端绑一根木棍，每亩插5～10把枝条，清晨日出前用80%敌敌畏乳油1000倍液喷杀或人工捕杀。烟青虫成虫有趋光性，可用黑光灯进行诱杀。另外也可用糖醋液（糖6份、酒1份、醋2～3份、水10份）加适量敌百虫诱杀。配好的诱液放在盆里，保持3～5厘米深，每亩放一盆，盆要高出作物30厘米，连续诱杀15天。还可用性诱剂诱杀成虫，减少田间落卵量。

5.化学防治。药剂防治的关键是抓住孵化盛期至3龄幼虫期前，幼虫尚未蛀果时施药。可选用2.5%高效氯氟氰菊酯乳油1500～3000倍液、4.5%高效氯氰菊酯乳油1500～3000倍液、10%醚菊酯悬浮剂2000～3000倍液、5%氟苯脲乳油500～800倍液、5%氟啶脲乳油1000～2000倍液、20%虫酰肼悬浮剂1500～3000倍液、20%氟虫双酰胺水分散剂2500倍液、5%氯虫苯甲酰胺悬浮剂2000～3000倍液、24%甲氧虫酰肼悬浮剂2000～4000倍液、1%甲氨基阿维菌素苯甲酸盐乳油3000～4000倍液、0.5%藜芦碱可湿性粉剂1000～2000倍液、1.2%烟碱·苦参碱乳油800～1500倍液、2.5%多杀菌素悬浮剂1000～2000倍液或15000单位/毫克苏云金杆菌水分散粒剂1000～1500倍液。以上药剂均匀喷雾，一般每隔7～10天喷施1次，连续防治2～3次。

30 地下害虫

地老虎幼虫

地老虎成虫

金针虫

叩头甲

蝼蛄

蛴螬

为害特点

地下害虫主要包括地老虎、蛴螬、蝼蛄、金针虫等，主要取食作物的种子、根、茎、嫩叶、生长点等，常造成缺苗、断垄或使幼苗生长不良。温室中以新建棚和早春茬蔬菜虫害发生重，深冬棚虫害发生较轻。

防治方法

1. 冬季深翻。早春茬蔬菜棚在封冻前1个月，深耕35～40厘米，破坏害虫生存和越冬环境，减少次年虫口密度。

2. 清洁田园。铲除棚室周围杂草。作物收获后及时清除棚内杂草和植物残体，集中深埋或销毁，破坏害虫的栖息繁殖场所。

3. 粪肥处理。有机粪肥必须进行堆沤、充分腐熟才能使用。腐熟后每立方米粪肥中可加入150～200毫升50%辛硫磷乳油堆闷杀死残存的虫、蛹。

4. 无虫土育苗。育苗前每立方米苗床土用50%辛硫磷乳油150～200毫升做堆闷处理，杀死残存的害虫后方可使用。

5. 土壤处理。移栽前结合整地起垄每亩用3%辛硫磷颗粒剂3千克进行土壤处理。

6. 诱杀。用黑光灯诱杀地老虎成虫，也可用80%敌百虫可湿性粉剂50克兑适量水与炒香的豆饼或油渣5千克拌成毒饵，每亩用1～1.5千克，傍晚时撒施在苗床或垄上，诱杀地老虎幼虫和蝼蛄。

7. 灌根。发现有地下害虫为害时，可选用50%辛硫磷乳油500～800倍液、50%丙溴磷乳油1000～2000倍液或90%晶体敌百虫800～1000倍液，每株100～200毫升灌根。

8. 喷雾。成株期有地老虎为害时，于幼虫转入地下为害（3龄）即成虫发生高峰期后的20天之前选用2.5%溴氰菊酯乳油、10%高效氯氰菊酯乳油或20%氰戊菊酯乳油1500～3000倍液进行喷雾。

31　蛞蝓和蜗牛

赤琥珀螺

蛞蝓

蛞蝓啃食过的辣椒苗

蜗牛

群聚在田间杂草上的蜗牛

穴盘基质中的蛞蝓卵

蛞蝓、蜗牛为害辣椒幼苗叶片

蛞蝓为害辣椒果柄

生活习性和为害特点

野蛞蝓，又称鼻涕虫、野蜗牛等，是一种软体动物，属腹足纲柄眼目蛞蝓科。蛞蝓体表柔软，无外壳，食性极杂，一般多发生于辣椒棚前沿。主要侵害前沿种植的十字花科蔬菜及菠菜、生菜等叶菜，以为害蔬菜幼嫩叶片和嫩茎为主。初孵幼体仅食叶肉，留下表皮，稍大后则咬断嫩茎和生长点，使整株枯死，造成缺苗断垄。蛞蝓在植株长高后常侵害植株近地面茎的表皮引发其他病害发生。套种的蔬菜收获后则转移至辣椒上为害，常取食叶片成缺刻或网状，或将果实蛀成孔洞状。其粪便和爬行时留下的黏液不仅造成污染，而且易滋生病菌致果体腐烂，影响果实外观品质，使其商品性降低。

野蛞蝓雌雄同体，异体受精，也可同体受精繁殖。一般下半夜产卵，卵椭圆形，成堆产于湿土或基质中。初呈白色透明状，接近孵化时颜色加深。蛞蝓以成体和幼体在菜田蔬菜根部潮湿土下越冬，翌年天气转暖后开始为害。蛞蝓畏光，白天隐蔽，夜间活动，白天强光下2～3小时即可死亡。一般从傍晚6时以后爬出活动，晚上10～11时达为害高峰期。午夜后外出量逐渐减少，到清晨日出之前又陆续潜入土壤中或杂草残叶下隐蔽处。如遇阴雨天往往昼夜为害。蛞蝓耐饥能力很强，在食物缺乏或干旱高温条件下能长时间潜伏在阴暗土缝或草丛中不吃不动，阴暗潮湿时大发生。

蜗牛的习性和为害特点与蛞蝓相似。

防治方法

1. 种植前彻底清除棚内及周边道路、特别是水渠边的杂草、杂物，耕翻晒地，清除破坏其孳生场所。

2. 采用高温闷棚措施。在蔬菜定植之前，选择连续3～5日的晴天，密闭温棚，使棚内气温升至60℃以上，蒸灭蛞蝓、蜗牛。

3. 温室周围田块应尽量种植夏粮或实行菜粮轮作，夏粮收获后及时深翻、晒田，通过晾晒杀死土壤中的虫体和卵，压低棚室周围的虫口密度。

4. 农家肥要充分腐熟，经高温发酵后，每立方米粪肥中加入50%辛硫磷乳油150～200毫升堆闷处理，杀死其中蜗牛、蛞蝓的卵后方能施入。

5. 地面撒石灰和草木灰。在蛞蝓初发为害阶段，及时在棚室的渠边、苗床四周以及前沿与垄连接处，撒石灰或草木灰隔离带，待其夜间爬出活动时黏上草木灰或石灰后死亡，阻止蛞蝓到垄面为害。

6. 诱杀。傍晚时将树叶、杂草或莴苣、甘蓝等蛞蝓喜食的叶菜做成诱集堆，并洒100倍食醋或啤酒+0.4%白糖引诱蛞蝓，翌日日出前进行集中捕杀。也可用多聚乙醛配成含有效成分2.5%～6%油渣毒饵撒于垄上诱杀。

7. 人工捕捉。晴天晚上8～9点蛞蝓爬出活动时是进行人工捕捉的最佳时机，连续捕捉3～4个晚上，可以基本上控制蛞蝓虫害。

8. 药剂防治。蛞蝓是软体动物，其腺体能不断地分泌出大量的黏液，具有很强地抗药性，须用专杀软体动物类药剂防治。在种子发芽或苗期，傍晚用6%四聚乙醛颗粒剂0.5～0.6千克/亩、10%多聚乙醛颗粒剂1～1.5千克/亩或6%甲萘威·四聚乙醛颗粒剂（蜗克星）250～500克/亩，拌细沙5～10千克/亩，均匀撒施即可取得满意的防治效果。

32 鼠害

褐家鼠

小家鼠

小家鼠盗食农作物

褐家鼠为害后的辣椒穴盘苗

为害特点

盗种、毁苗、啃食瓜菜及果实是温室鼠害的主要特点。蔬菜中瓜类、茄果类和豆类受害最重，尤以苗室、苗床为害重、损失大。温室害鼠为害高峰期主要集中在晚秋至早春。育苗期害鼠常盗食刚刚播种下的种子，毁坏苗床，造成缺苗、毁苗，延误农时；定植后啃食幼苗，造成缺苗断垄；生长中后期则啃茎食叶，盗食花果，影响植株正常生长发育，或直接造成减产。此外，害鼠还在棚内筑洞建巢，毁坏棚体及附属的保温、灌溉、电力和栽培设施，严重干扰和影响正常的生产和农事活动。

防治方法

1. 鼠害猖獗的地方应定期(1～2年)在春秋两季有组织地开展大面积集中连片灭鼠联防,在温室区及外围农田的田埂、荒山、荒坡等处投放鼠饵,并常抓不懈,降低鼠口密度。

2. 温室生产开始之前应做好防鼠工作,购置必要的防鼠、捕鼠药品器械;捣毁、填平墙体及后坡上的鼠洞并修补破损处。内外后坡每隔2～3米放置一个毒饵盒,侧墙的前屋角内外、温室出入口也应放置毒饵盒或粘鼠板、鼠夹、鼠笼等捕鼠器械,防止害鼠入棚繁殖为害。毒饵盒应勤加检查,及时补足饵料。每盒饵料的多少因害鼠的种类而异,一般小家鼠3～5克,褐家鼠5～10克。

3. 草帘、保温被在当季生产结束后应悬空垛码,下面投毒饵或安放鼠夹、鼠笼等,防止害鼠毁坏并在其中栖息繁殖、入棚为害。

4. 育苗和定植期是防治害鼠的关键时期。此时毒饵诱杀与灭鼠器械,如电子捕鼠器、鼠夹、鼠笼、粘鼠板等配合使用,效果更好。

5. 充分发挥天敌对害鼠的控制作用,注意保护鼠类天敌。禁止投放剧毒鼠药,禁止猎杀鹰类、猫头鹰和蛇等害鼠天敌,提倡在温室区饲养猫、狗等天敌动物,控制害鼠为害。

6. 用20.02%地芬·硫酸钡饵剂灭鼠。此饵剂是一种新型鼠药,害鼠取食后,药剂中所含的硫酸钡阻塞肠道,产生类似“肠梗阻”症状,引起肠道坏死而致害鼠死亡,具适口性好、无毒、无害、使用方便,防效高等诸多优点。但该饵剂在温室潮湿的环境下易结块和发生霉变,应注意勤检查,及时更换、补充。

33 药害

穴盘苗除草剂药害初期症状

药害致辣椒蕨叶症状

除草剂药害致叶片褪绿黄化

药剂过量致辣椒苗心叶停止生长

药害致辣椒定植后缓苗慢

药害致辣椒叶片畸形

药害致辣椒叶片叶脉扭曲

药害致辣椒叶片皱缩畸形

药害致辣椒叶片皱缩畸形

辣椒植株药害症状(右边正常)

药害致辣椒叶片黄化畸形

除草剂药害(左边正常)

温室辣椒药害症状

为害特点

药害是指使用农药喷洒、拌种、浸种、蘸花、灌根、熏蒸和土壤处理后对作物产生的人为不良反应。药害有急性和慢性两种。急性药害一般在喷药后几小时至3~4天出现明显症状，慢性药害是在喷药后经过较长时间才出现明显反应。苗期表现为不出苗或出苗困难，苗畸形，生长受抑。成株期多表现为斑点、失绿、烧伤、凋萎、脱叶或卷叶、落花、落果、幼嫩组织枯焦等诸多症状。生长调节剂和除草剂还可引起植株矮化或疯长、枝叶丛生、果叶畸形、裂果等症状。设施辣椒药害一般是由杀虫剂、杀菌剂、除草剂以及植物生长调节剂的不合理使用引起的。

药害判别

药害易与生理性病害混淆，尤其和设施内常发生的盐分障碍、肥害、冷害、冻害、气害等较难区分。由药害造成的植株生长缓慢症状与由生理病害造成的发僵症状或缺素症相比，药害往往伴有斑点或其他症状，而中毒发僵常表现为根系生长差，缺素症则表现为叶色发黄或暗绿。气害一般是离产气源近、通风不畅的地方重，距风口、门口近的地方发生轻。冷害、冻害及风害则与灾害性天气和温室管理，如保温措施、放风时室温、放风量等密切相关，受害程度有较强的区域性，如靠近棚前沿的植株冻害较重。风害一般在屋脊下面风口处或棚膜破损的地方症状严重。

预防与补救措施

1. 严格按照使用说明合理混配农药、合理使用农药。配制时要准确计算稀释倍数，切忌擅自提高使用浓度。

2. 温室蔬菜喷药最好有专用喷雾器。喷洒过除草剂或植物生长调节剂的喷雾器要及时、彻底清洗，最好不在蔬菜上使用。棚室外使用除草剂前，要密闭棚室，避免药剂通过棚室风口、入口漂移到棚室中造成为害。

3. 喷药后如发现有药害，应在早期药液尚未完全渗透或被吸收时，及时用大量清水喷洗叶片，减轻药害。

4. 产生药害后，要及时浇水并追施尿素等速效肥料。叶面喷施0.2%～0.5%的尿素或0.2%～0.5%的磷酸二氢钾溶液，也可叶面喷施碧护（0.136%赤·吲乙·芸可湿性粉剂）7500～20000倍液、0.01%芸苔素内酯乳油2500～5000倍液或1000～1200倍植物动力2013，7～15天喷施一次，连续2～3次，以促进植株正常生长，提高自身抵抗药害的能力。

5. 根据引发药害的农药性质，喷施与其性质相反的中和物或拮抗剂来缓解药害。如喷施硫酸铜过量后可喷施0.5%的生石灰水中和，喷施矮壮素、缩节胺、多效唑过量后可喷施赤霉素缓解。

6. 苗床施药发生药害时，应立即进行淋洗，并适当遮荫，防止暴晒使药害加重。土壤处理或灌根发生药害时，应及早灌水洗田，减轻药害。

7. 烟剂引发药害除加强棚室通风外，也可叶面喷施碧护（0.136%赤·吲乙·芸可湿性粉剂）7500～20000倍液、0.01%芸苔素内酯乳油2500～5000倍液或1000～1200倍植物动力2013，可7～15天喷施1次，连续2～3次，刺激植物加速生理代谢，缓解药害症状。

参考文献

[1]吕佩珂等编著.中国蔬菜病虫害原色图谱.修订本.北京:中国农业出版社,1998年.

[2]吕佩珂等编著.中国蔬菜病虫害原色图谱续集.第二版.呼和浩特:远方出版社,2000年.

[3]孙智泰等编著.甘肃省农作物病虫害.兰州:甘肃人民出版社,1984年.

[4]刘秀芳编著.西瓜甜瓜主要病虫害的识别及其防治.北京:中国农业出版社,1993年.

[5]杨宇红等编著.黄瓜病虫害防治新技术.修订版.北京:金盾出版社,2006年.

[6]付连江等编著.高效节能日光温室蔬菜栽培.兰州:甘肃科学技术出版社,1993年.

[7]胡玉清等编著.无公害蔬菜栽培新技术.北京:金盾出版社,1998年.

[8]王焕民,张子明等著.新编农药手册.北京:中国农业出版社,1989年.

[9]剧正理等编著.菜园新农药151种及其使用方法.北京:中国农业出版社,2000年.

[10]郭全宝等编著.中国鼠类及其防治.北京:中国农业出版社,1984年.

[11]张玉聚等主编.中国蔬菜病虫害原色图解.北京:中国农业科学技术出版社,2010年.

[12]孙述俊主编.设施蔬菜种植主要病虫害防治图解.兰州:甘肃科学技术出版社,2010年.

[13]吕兆明编著.怎样种好日光温室辣椒.兰州:甘肃科学技术出版社,2010年.